辽宁省高水平特色专业群校企合作开发系列教材

地形测量

王　旭　主编

中国林业出版社

图书在版编目(CIP)数据

地形测量/王旭主编. —北京：中国林业出版社，2020.10
ISBN 978-7-5219-0865-7

Ⅰ.①地… Ⅱ.①王… Ⅲ.①地形测量-高等职业教育-教材 Ⅳ.①P217

中国版本图书馆 CIP 数据核字(2020)第 202124 号

中国林业出版社教育分社

责任编辑：范立鹏　　　　　　　　　　　责任校对：苏　梅
电　　话：(010)83143626　　　　　　　传　　真：(010)83143516

出版发行	中国林业出版社(100009　北京市西城区德内大街刘海胡同 7 号)
	http://www.forestry.gov.cn/lycb.html　电话：(010)83143500
经　　销	新华书店
印　　刷	北京中科印刷有限公司
版　　次	2020 年 10 月第 1 版
印　　次	2020 年 10 月第 1 次印刷
开　　本	787mm×1092mm　1/16
印　　张	10.5
字　　数	249 千字
定　　价	38.00 元

未经许可，不得以任何方式复制或抄袭本书之部分或全部内容。

版权所有　侵权必究

《地形测量》编写人员

主　　编　王　旭
副 主 编　李小舟　娄安颖　隋正苏
编写人员　(按姓氏笔画排序)
　　　　　王　旭(辽宁生态工程职业学院)
　　　　　王　昶(辽宁科技大学)
　　　　　刘丹丹(辽宁生态工程职业学院)
　　　　　李小舟(辽宁生态工程职业学院)
　　　　　隋正苏(辽宁省有色地质一〇一队有限公司)

前 言

"地形测量"是高职高专工程测量技术及相关专业的一门基础课程,是专业核心能力模块的重要组成部分。通过本课程的学习,要求学生能够掌握基础测绘理论知识、基本测量仪器及其操作、基本测量工作及其作业方法、地形图测绘的方法、地形图的初步应用等,为学习后续专业核心课程做好准备,并为通过国家测绘行业组织的"工程测量工"职业资格证书考试,获得从事工程测量工作的职业资格奠定基础。

本教材的编写充分体现以能力为主线、以任务为载体的职业课程培养模式,凸显"基于工作过程"的职业教育教学理念。以学生为中心、以就业为导向、以能力为本位、以岗位需求和职业标准为依据,满足学生职业生涯发展的需求,适应测绘、自然资源、水利、交通、农业、林业、地质等企事业单位地形测量岗位要求。全书共包含8个项目,项目准备、项目一至项目四(第1~5章)主要介绍了测量学的基础知识、基本理论以及测量仪器的基本构造和使用方法;项目五至项目七(第6、7章)介绍了小地区控制测量及大比例尺地形图的测图、识图和用图的相关知识;附录(第8章)为实验、实习指导内容。本书按照国家最新测量规范编写,力求做到简明、扼要、实用,并较多地融汇当前的测绘新技术、新仪器、新方法。为满足教学需要,各章之后附有项目考核。

本书由王旭担任主编,李小舟、娄安颖和隋正苏担任副主编,刘丹丹、王昶参与编写。编写人员分工如下:王旭编写第2~6章,李小舟、娄安颖编写第7章,王昶编写第8章,刘丹丹编写第1章,隋正苏制作整理全书插图、表格及附录。

尽管我们尽了很大努力,但由于水平有限,时间仓促,书中难免存在不少缺点和错误,恳请读者和同仁批评指正。

编 者
2020年3月

目 录

前言

第1章 项目准备：地形测量基础 ……………………………………………… (1)
1.1 测量学的任务及其作用 …………………………………………………… (1)
1.2 地球的形状和大小 ………………………………………………………… (2)
1.3 地面点位的确定 …………………………………………………………… (2)
1.3.1 坐标系统 ……………………………………………………………… (3)
1.3.2 高程系统 ……………………………………………………………… (5)
1.4 测量工作概述 ……………………………………………………………… (6)
1.4.1 测量的基本工作 ……………………………………………………… (7)
1.4.2 测量工作中用水平面代替水准面的限度 ………………………… (7)
1.4.3 测量工作的基本原则 ………………………………………………… (7)
1.5 项目考核 …………………………………………………………………… (7)

第2章 水准测量 ………………………………………………………………… (9)
2.1 用水准仪测量地面高程 …………………………………………………… (9)
2.1.1 水准测量原理 ………………………………………………………… (9)
2.1.2 水准测量的仪器和工具 ……………………………………………… (10)
2.1.3 水准仪的使用 ………………………………………………………… (13)
2.2 用水准仪完成等外水准测量 ……………………………………………… (15)
2.2.1 水准点和水准路线 …………………………………………………… (15)
2.2.2 水准测量的实施 ……………………………………………………… (17)
2.2.3 水准测量的检核方法 ………………………………………………… (18)
2.2.4 水准测量的成果整理 ………………………………………………… (19)
2.3 水准测量误差来源及注意事项 …………………………………………… (21)
2.3.1 水准测量误差来源 …………………………………………………… (21)
2.3.2 水准测量注意事项 …………………………………………………… (23)

2.4 项目考核 .... (23)

第3章 角度测量 .... (25)

3.1 经纬仪测角原理及使用方法 .... (25)
3.1.1 角度测量原理 .... (25)
3.1.2 光学经纬仪及其使用 .... (26)

3.2 水平角观测 .... (32)
3.2.1 测回法 .... (32)
3.2.2 全圆方向法 .... (33)

3.3 垂直角观测 .... (36)
3.3.1 经纬仪竖直度盘的构造 .... (36)
3.3.2 竖直角的计算 .... (37)
3.3.3 竖直度盘指标差的计算 .... (38)
3.3.4 竖直角观测 .... (39)

3.4 角度测量误差分析 .... (40)
3.4.1 仪器误差 .... (41)
3.4.2 观测误差 .... (42)
3.4.3 外界条件的影响 .... (43)

3.5 项目考核 .... (43)

第4章 距离测量与直线定向 .... (45)

4.1 直线定向 .... (45)
4.1.1 标准方向线 .... (45)
4.1.2 三北方向线之间的偏角 .... (46)
4.1.3 方位角、坐标方向角、象限角 .... (47)
4.1.4 方位角与象限角的换算关系 .... (47)
4.1.5 几种方位角之间的关系 .... (48)
4.1.6 正、反坐标方位角 .... (48)
4.1.7 坐标方位角的推算 .... (48)

4.2 距离测量 .... (49)
4.2.1 钢尺量距 .... (50)
4.2.2 视距测量 .... (54)

4.3 项目考核 .... (55)

第5章 测量误差基本知识 (57)

5.1 测量误差概述 (57)
- 5.1.1 测量误差产生的原因 (57)
- 5.1.2 测量误差的分类 (58)
- 5.1.3 多余观测 (59)
- 5.1.4 偶然误差的特性 (59)

5.2 评定观测值精度 (61)
- 5.2.1 评定精度的标准 (61)
- 5.2.2 观测值的精度评定 (63)

5.3 误差传播定律及其应用 (66)

5.4 权的概念 (70)
- 5.4.1 权与中误差的关系 (71)
- 5.4.2 加权算术平均值及其中误差 (72)

5.5 项目考核 (73)

第6章 小地区控制测量 (75)

6.1 小地区控制测量概述 (75)
- 6.1.1 面控制测量 (75)
- 6.1.2 高程控制测量 (76)

6.2 交会法测量 (77)
- 6.2.1 角度交会法 (78)
- 6.2.2 边长交会法 (79)

6.3 导线测量 (80)
- 6.3.1 导线测量外业 (80)
- 6.3.2 导线测量内业计算 (82)

6.4 高程控制测量 (89)
- 6.4.1 三、四等水准测量的主要技术要求 (89)
- 6.4.2 三角高程测量 (92)

6.5 全站仪及其在控制测量中的应用 (94)
- 6.5.1 全站仪的功能与使用 (94)
- 6.5.2 全站仪在控制测量中的应用 (102)

6.6 项目考核 (102)

目录

第7章 地形图的认识与测绘 (103)
7.1 地形图认识 (103)
7.1.1 地形图的比例尺 (104)
7.1.2 大比例尺地形图图式 (105)
7.1.3 大比例尺地形图分幅和编号 (111)
7.2 大比例尺地形图测绘 (113)
7.2.1 测图前的准备工作 (114)
7.2.2 碎部测量方法 (115)
7.2.3 数字地形图测绘 (117)
7.2.4 地形图的拼接、检查和整饰 (122)
7.3 项目考核 (125)

第8章 地形图的应用 (126)
8.1 地形图的阅读与基本应用 (126)
8.1.1 地形图的阅读 (126)
8.1.2 用图的基本内容 (129)
8.2 地形图的工程应用 (132)
8.2.1 面积测定 (133)
8.2.2 平整土地中的土石方估算 (135)
8.3 项目考核 (138)

附录1 测量实验与实习须知 (141)
附录2 测量实验指导 (144)
实验一 水准仪的使用 (144)
实验二 普通水准测量 (146)
实验三 经纬仪的使用 (148)
实验四 角度测量 (149)
实验五 距离测量 (151)
实验六 全站仪的使用 (155)
附录3 测量教学实习指导 (156)

第1章 项目准备：地形测量基础

1.1 测量学的任务及其作用

测量学是研究地球的形状和大小以及确定地面点位的科学，主要内容包括两部分，即测定和测设。测定是指使用测量仪器和工具，通过测量和计算，得到一系列测量数据或成果，将地球表面的地形缩绘成地形图，供经济建设、国防建设、规划设计及科学研究使用。测设（放样）是指用一定的测量方法和精度，把设计图纸上规划设计好的建（构）筑物的平面位置和高程标定在实地上，作为施工的依据。

测量学按其研究的范围和对象的不同，可分为大地测量学、普通测量学、摄影测量学与遥感学、海洋测量学、工程测量学及地图制图学等。本教材主要介绍普通测量学的相关内容。

测量学是一门历史悠久的科学，早在几千年前，由于当时社会生产发展的需要，中国、埃及、希腊等国家的古代劳动人民就开始创造与运用测量工具进行测量。我国在古代就发明了指南针、浑天仪等测量仪器，为天文、航海及测绘地图作出了重要的贡献。随着社会需求和科学技术的发展，测绘技术已由常规的大地测量发展到空间卫星大地测量，由航空摄影测量发展到航天遥感技术的应用；测量对象由地球表面扩展到空间星球，由静态发展到动态；测量仪器已广泛趋向精密化、电子化和自动化。中华人民共和国成立以来，测绘事业得到了蓬勃发展，在天文大地测量、人造卫星大地测量、航空摄影与遥感、精密工程测量、近代平差计算、测量仪器研制及测绘人才培养等方面，都取得了令人鼓舞的成就。

测量技术是了解自然、改造自然的重要手段，也是国民经济建设中一项基础性、前期和超前期的工作，应用广泛。它能为城镇规划、市政工程、土地与房地产开发、农业、防灾、科研等方面提供各种比例尺的现状地形图或专用图等测绘资料；同时按照规划设计部门的要求，进行道路规划定线和拨地测量，以及市政工程、工业与民用建筑工程等土木建筑工程的勘察测量，直接为建设工程项目的设计与施工服务。在工程施工过程和运营管理阶段，对高层、大型建（构）筑物进行沉降、位移、倾斜等变形观测，以确保建（构）筑物的安全，并为建（构）筑物结构和地基基础的研究提供各种可靠的测量数据。所以测量工作将直接关系工程的质量和预期效益的实现，是我国城镇建设不可缺少的一项重要工作。随着测绘科技的发展以及新技术的研究开发与应用，测量工作必将为各个行业及时提供更多更好的信息服务与准确的、适用的测绘成果。

1.2 地球的形状和大小

测绘工作是在地球的自然表面上进行的,而地球自然表面是极不平坦和不规则的,其中有高达8848.86m的珠穆朗玛峰,也有深至11022m的马里亚纳海沟,尽管它们高低起伏悬殊,但与半径为6371km的地球比较,还是可以忽略不计的。此外,地球表面海洋面积约占71%,陆地面积仅约占29%。因此,人们设想以一个静止不动的海水面延伸穿越陆地,形成一个闭合的曲面包围整个地球,那么这个闭合的曲面称为水准面。可见,水准面可有无数个,其中通过平均海水面的一个水准面称为大地水准面(即一个假设的与处于流体静平衡状态的海洋面重合并延伸向大陆且包围整个地球的大地位面),它是测量工作的基准面。由大地水准面所包围的地球形体,称为大地体,如图1-1(a)所示。

水准面是受地球重力影响而形成的,它的特点是水准面上任意一点的铅垂线(重力作用线)都垂直于该点的曲面。由于地球内部质量分布不均匀,重力也受其影响,故引起了铅垂线方向的变动,致使大地水准面成为一个有微小起伏的复杂曲面,如图1-1(b)所示。如果将地球表面的图形投影到这个复杂曲面上,对于地形制图或测量计算工作都是非常困难的,为此,人们经过几个世纪的观测和推算,选用一个既非常接近大地体,又能用数学式表示的规则几何形体来代表地球的总形状,这个几何形体是由一个椭圆NWSE绕其短轴NS旋转而成的形体,称为地球椭球体或旋转椭球体,如图1-1(c)所示。

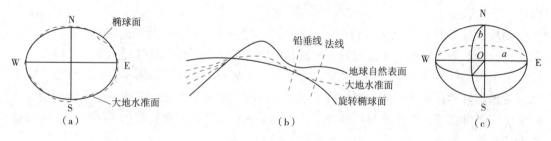

图1-1 地球形状

决定地球椭球体形状和大小的元素为椭圆的长半径 a,短半径 b 及扁率 α,关系式为

$$\alpha = \frac{a-b}{a} \tag{1-1}$$

我国目前采用的元素数据为:长半径 $a=6378137\text{m}$,短半径 $b=6356752.3\text{m}$,扁率 $\alpha=1:298.257$,并以陕西省泾阳县永乐镇某点为大地原点,进行了大地定位,由此建立了新的全国统一坐标系,即目前使用的2000年国家大地坐标系。

由于地球椭球体的扁率 α 很小,当测区面积不大时,可以把地球当作圆球来看待,其圆球半径 $R=\frac{1}{3}(2a+b)$,R 的近似值可取6357km。

1.3 地面点位的确定

测量工作的实质是确定地面点的位置,而地面点的位置通常需要用三个量表示,即该点的平面(或球面)坐标(x,y)以及该点的高程(H)。因此，必须首先了解测量的坐标系统和高程系统。

1.3.1 坐标系统

坐标系统是用来确定地面点在地球椭球面或投影在水平面上的位置。表示地面点位在球面或平面上的位置，通常有下列三种坐标系统：

(1) 地理坐标

地面点在球面(水准面)上的位置用经度和纬度表示的，称为地理坐标。按照基准面和基准线及求算坐标方法的不同，地理坐标又可分为天文地理坐标和大地地理坐标两种。如图1-2所示为天文地理坐标，它表示地面点 A 在大地水准面上的位置，用天文经度 λ 和天文纬度 φ 表示。天文经度和天文纬度是用天文测量的方法直接测定的。

大地地理坐标是表示地面点在地球椭球面上的位置，用大地经度 L 和大地纬度 B 表示。大地经度和大地纬度是根据大地测量所得数据推算得到的。经度是从首子午线(首子午面)向东或向西自0°起算至180°，向东者为东经，向西者为西经；纬度是从

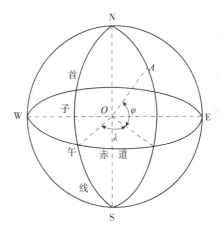

图1-2 天文地理坐标

赤道(赤道面)向北或向南自0°起算至180°，分别称为北纬和南纬。我国国土均在北半球，例如，南京市中心区某点的大地地理坐标为东经118°47′，北纬32°03′。

(2) 高斯平面直角坐标

上述地理坐标只能确定地面点在大地水准面或地球椭球面上的位置，不能直接用来测图。测量上的计算最好是在平面上进行，而地球椭球面是一个曲面，不能简单地展开成平面，我国采用高斯投影建立平面直角坐标系。

高斯投影首先是将地球按经线分为若干带，称为投影带。它从首子午线(零子午线)开始，自西向东每隔6°划为一带，每带均有统一编排的带号，用 N 表示，位于各投影带中央的子午线称为中央子午线(L_0)，也可由东经1°30′开始，自西向东每隔3°划为一带，其带号用 n 表示，如图1-3所示。我国国土所属范围大约为6°带13号带至第23号带，即带号 $N=13$-23。相应3°带大约为第24号带至第46号带，即带号 $n=24$-46。

6°带中央子午线经度 $L_0=6N-3$，3°带中央子午线经度 $L_0=3n$。例如，南京市为东经118°47′，它属于6°带第20号带，即 $N=\dfrac{118°47'+3°}{6°}=20$(四舍五入取整数值)，相应6°带中央子午线经度 $L_0=6N-3=6\times20-3=117°$；它属于3°带第40号带，即 $n=\dfrac{118°47'}{3°}=40$(四舍五入取整数值)，相应3°带中央子午线经度 $L_0=3n=3\times40=120°$。

设想一个横圆柱体套在椭球外面，使横圆柱的轴心通过椭球的中心，并与椭球面上某投影带的中央子午线相切，然后将中央子午线附近(即本带东西边缘子午线构成的范围)的

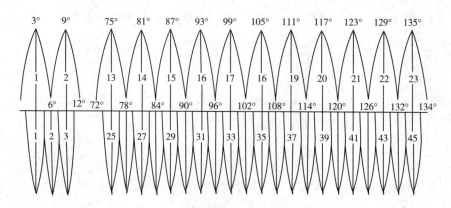

图1-3 投影分带(6°带与3°带)

椭球面上的点、线投影到横圆柱面上,如图1-4所示。再顺着穿过南北极的母线将圆柱面剪开,并展开为平面,这个平面称为高斯投影平面。

在高斯投影平面上,中央子午线和赤道的投影是两条相互垂直的直线。我们规定中央子午线的投影为高斯平面直角坐标系的 x 轴,赤道的投影为高斯平面直角坐标系的 y 轴,两轴交点 O 为坐标原点,并令 x 轴上原点以北为正,y 轴上原点以东为正,由此建立了高斯平面直角坐标系,如图1-5(a)所示。图中地面点 A、B 在高斯平面上的位置,可用高斯

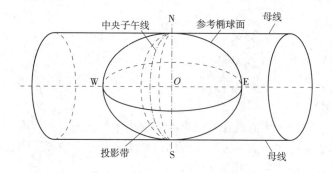

图1-4 高斯平面直角坐标的投影

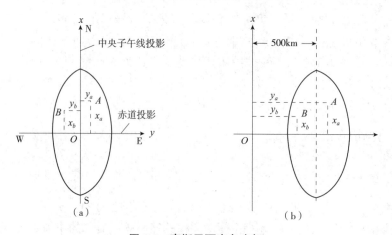

图1-5 高斯平面直角坐标

平面直角坐标 x、y 来表示。由于我国国土全部位于北半球(赤道以北),故我国国土上全部点位的 x 坐标值均为正值,而 y 坐标值则有正有负。为了避免 y 坐标值出现负值,我国规定将每带的坐标原点向西移 500km,如图 1-5(b)所示。由于各投影带上的坐标系是采用相对独立的高斯平面直角坐标系,为了能正确区分某点所处投影带的位置,规定在横坐标 y 值前面冠以投影带带号。例如,图 1-5(a)中 B 点位于高斯投影 6°带,第 20 号带($N=20$),其真正横坐标 $y_b = -113424.690$m,按照上述规定 y 值应改写为 $y_b = 20(-113424.690+500000) = 20386575.310$。反之,人们从这个 y_b 值中可以知道,该点是位于 6°第 20 号带,其真正横坐标 $y_b = 386575.310 - 500000 = -113424.690$m。

高斯投影是正形投影,一般只需将椭球面上的方向、角度及距离等观测值经高斯投影的方向改化和距离改化后,归化为高斯投影平面上的相应观测值。然后在高斯平面坐标系内进行平差计算,从而求得地面点位在高斯平面直角坐标系内的坐标。

(3)独立平面直角坐标

当测量范围较小时(如半径不大于 10km 的范围),可以将该测区的球面看作平面,直接将地面点沿铅垂线方向投影到水平面上,用平面直角坐标来表示该点的投影位置。在实际测量中,一般将坐标原点选在测区的西南角,使测区内的点位坐标均为正值(第一象限),并以该测区的子午线(或磁子午线)的投影为 x 轴,向北为正,与之相垂直的为 y 轴,向东为正,由此建立了该测区的独立平面直角坐标系,如图 1-6 所示。

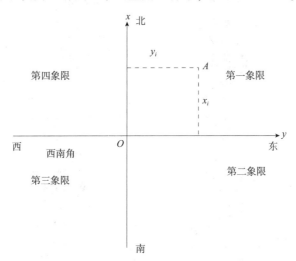

图 1-6 独立平面直角坐标

上述三种坐标系统之间也是相互联系的,地理坐标与高斯平面直角坐标之间可以互相换算,独立平面直角坐标也可与高斯平面直角坐标(国家统一坐标系)之间连测和换算。它们都是以不同的方式来表示地面点的平面位置。

1.3.2 高程系统

1949 年以来,我国曾以青岛验潮站多年观测资料求得黄海平均海水面作为我国的大地水准面(高程基准面),由此建立了"1956 年黄海高程系",并在青岛市观象山上建立了国家水准基点，其基点高程 $H=72.289\text{m}$。几十年来，随着验潮站观测资料的积累与计算，更加精确地确定了黄海平均海水面，于是在 1987 年启用"1985 国家高程基准"，此时测定的国家水准基点高程 $H=72.260\text{m}$。根据国家测绘总局国测〔1987〕198 号文件通告，此后全国都应以"1985 国家高程基准"作为统一的国家高程系统。现在仍在使用的"1956 年黄海高程系统"及其他高程系统（如吴淞高程系统）均应统一到"1985 国家高程基准"的高程系统上。在实际测量中，特别要注意高程系统的统一。

地面点的高程（绝对高程或海拔）是指地面点到大地水准面的铅垂距离，一般用 H 表示，如图 1-7 所示，图中地面点 A、B 的高程分别为 H_A、H_B。

在个别的局部测区，若远离已知国家高程控制点或为便于施工，也可以假设一个高程起算面（即假定水准面），这时地面点到假定水准面的铅垂距离，称为该点的假定高程或相对高程。如图 1-7 中 A、B 两点的相对高程为 H'_A、H'_B。

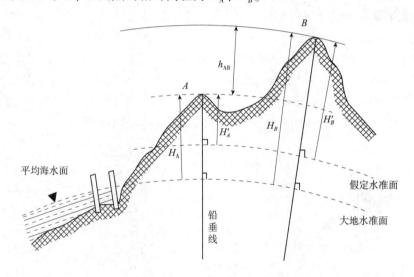

图 1-7 高程和高差

地面上两点间的高程之差，称为高差，一般用 h 表示。图 1-7 中 A、B 两点间高差 h_{AB} 为：

$$h_{AB}=H_B-H_A=H'_B-H'_A \tag{1-2}$$

式中，h_{AB} 有正有负，表示 A 点至 B 点的高差。

上式也表明两点间高差与高程起算面无关。

综上所述，当通过测量与计算，求得表示地面点位置的三个量，即 x、y、H，那么地面点的空间位置也就可以确定了。

1.4 测量工作概述

测量工作的主要任务是测绘地形图和施工放样，本节简要介绍测图和放样的过程，为学习后面各章建立起初步的概念。

1.4.1 测量的基本工作

由于地面点间的相互位置关系,是以水平角(方向)、距离和高差来确定的,故测角、量距、测高程是测量基本工作,观测、计算和绘图是测量工作的基本技能。

1.4.2 测量工作中用水平面代替水准面的限度

用水平面来代替水准面,可以使测量和绘图工作大为简化。对水平角、距离的影响——在面积约 $320km^2$ 范围内,可忽略不计;对高程的影响——即使距离很短也要顾及地球曲率的影响。

1.4.3 测量工作的基本原则

地球表面复杂多样的形态,在测量工作中将其分为地物和地貌两大类。地面上固定性物体,如河流、房屋、道路、湖泊等称为地物;地面的高低起伏的形态,如山岭、谷地和陡崖等称为地貌。地物和地貌统称为地形。

测绘地形图或放样建筑物位置时,要在某一个点上测绘出该测区全部地形或者放样出建筑物的全部位置是不可能的。如图 1-8 (a)中所示 A 点,在该点只能测绘附近的地形或放样附近的建筑物的位置(如图中建筑物 P),对于位于山后面的部分以及较远的地形就观测不到,因此,需要在若干点(站)上分区施测,最后将各分区地形拼接成一幅完整的地形图,如图 1-8(b)所示。施工放样也是如此。但是,任何测量工作都会产生不可避免的误差,故每点(站)上的测量都应采取一定的程序和方法,遵循测量的基本原则,以防误差积累,保证测绘成果的质量。

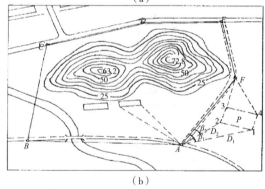

图 1-8 地形和地形图示意图

在实际测量工作中应当遵守以下基本原则:

①在测量布局上,应遵循"由整体到局部"的原则;在测量精度上,应遵循"由高级到低级"的原则;在测量程序上,应遵循"先控制后碎部"的原则。

②在测量过程中,应遵循"随时检查,杜绝错误"的原则。

1.5 项目考核

1. 测定与测设有何区别?
2. 什么是大地水准面?它有什么特点和作用?

3. 什么是绝对高程、相对高程及高差？

4. 测量上的平面直角坐标系和数学上的平面直角坐标系有什么区别？

5. 高斯平面直角坐标系是怎样建立的？

6. 已知某点位于高斯投影 6°带第 20 号带，若该点在该投影带高斯平面直角坐标系中的横坐标 $y=-306579.210$m，写出该点不包含负值且含有带号的横坐标 y 及该带的中央子午线经度 L_0。

第2章 水准测量

测量地面上各点高程的工作称为高程测量。高程测量根据所使用的仪器和施测方法不同，分为水准测量、三角高程测量和气压高程测量。其中，水准测量是高程测量中最基本的和精度较高的一种测量方法，在国家高程控制测量、工程勘测和施工测量中被广泛采用。本章项目内容包括用水准仪测量地面高程、用水准仪完成等外水准测量两项工作任务。

2.1 用水准仪测量地面高程

○ 任务目标

①掌握水准测量的原理；
②熟知水准仪构造；
③掌握水准仪的使用方法；
④能用水准测量的仪器和工具测量地面高程。

○ 任务介绍

本任务主要介绍水准测量的原理、水准仪的构造、水准仪的使用方法。通过本任务的学习，确保能够正确操作水准仪进行地面高程的测量。

○ 任务实施

2.1.1 水准测量原理

水准测量是利用一条水平视线，并借助水准尺，来测定地面两点间的高差，这样就可由已知点的高程推算出未知点的高程。如图 2-1 所示，欲测定 A、B 两点之间的高差 h_{AB}，可在 A、B 两点上分别竖立有刻划的尺子——水准尺，并在 A、B 两点之间安置一台能提供水平线的仪器——水准仪。根据仪器的水平视线，在 A 点尺上读数，设为 a；在 B 点尺上读数，设为 b；则 A、B 两点间的高差为：

$$h_{AB}=a-b \tag{2-1}$$

如果水准测量是由 A 到 B 进行的，如图 2-1 中的箭头所示，A 点为已知高程点，A 点尺上读数 a 称为后视读数；B 点为欲求高程的点，则 B 点尺上读数 b 为前视读数。高差等

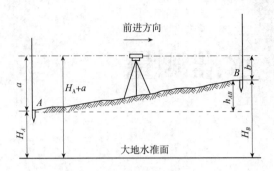

图 2-1 水准测量原理

于后视读数减去前视读数。$a>b$ 高差为正；反之，为负。

若已知 A 点的高程 H_A，则 B 点的高程为：

$$H_B = H_A + h_{AB} = H_A + (a-b) \tag{2-2}$$

还可通过仪器的视线高 H_i 计算 B 点的高程，即

$$\left.\begin{array}{l} H_i = H_A + a \\ H_B = H_i - b \end{array}\right\} \tag{2-3}$$

式(2-2)是直接利用高差 h_{AB} 计算 B 点高程的，称高差法，式(2-3)是利用仪器视线高程 H_i 计算 B 点高程的，称仪高法。当安置一次仪器要求测出若干个前视点的高程时，仪高法比高差法方便。

2.1.2 水准测量的仪器和工具

水准测量所使用的仪器为水准仪，工具为水准尺和尺垫。水准仪按其精度可分为 DS_{05}、DS_1、DS_3 和 DS_{10} 4 个等级。"D"和"S"分别为"大地测量"和"水准仪"汉语拼音的第一个字母，其下标的数值表示仪器的精度等级，即每千米往返测高差中数的中误差，以毫米计。工程测量广泛使用 DS_3 级水准仪。因此，本节着重介绍这类仪器。

2.1.2.1 水准仪的基本构造（DS_3 级微倾式水准仪）

根据水准测量的原理，水准仪的主要作用是提供一条水平视线，并能照准水准尺进行读数。因此，水准仪主要由望远镜、水准器及基座三部分构成。图 2-2 所示是我国生产的 DS_3 级微倾式水准仪。

（1）望远镜

如图 2-3 是 DS_3 水准仪望远镜的构造图，它主要由物镜 1、目镜 2、对光透镜 3 和十字丝分划板 4 所组成。物镜和目镜多采用复合透镜组，十字丝分划板上刻有两条互相垂直的长线，如图 2-3 中的 7，竖直的一条称竖丝，横的一条称为中丝，是为了瞄准目标和读取读数用的。在中丝的上下还对称地刻有两条与中丝平行的短横线，是用来测量距离的，称为视距丝。十字丝分划板是由平板玻璃圆片制成的，平板玻璃片装在分划板座上，分划板座由止头螺丝 8 固定在望远镜筒上。

十字丝交点与物镜光心的连线称为视准轴或视准线（图 2-3 中的 CC'）。水准测量是在视准轴水平时，用十字丝的中丝截取水准尺上的读数。

2.1 用水准仪测量地面高程

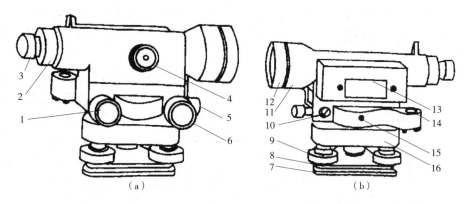

1. 微倾螺旋；2. 分划板护罩；3. 目镜；4. 物镜对光螺旋；5. 制动螺旋；6. 微动螺旋；
7. 底板；8. 三角压板；9. 脚螺旋；10. 弹簧帽；11. 望远镜；12. 物镜；13. 管水准器；
14. 圆水准器；15. 连接小螺丝；16. 轴座。

图 2-2　DS_3 微倾式水准仪构造

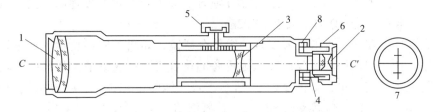

1. 物镜；2. 目镜；3. 对光凹透镜；4. 十字丝分划板；5. 物镜对光螺旋；
6. 目镜对光螺旋；7. 十字丝放大像；8. 分划板座止头螺丝。

图 2-3　DS_3 水准仪望远镜构造

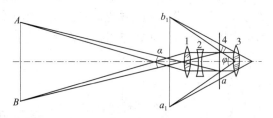

1. 物镜；2. 对光凹透镜；3. 目镜；4. 十字丝平面。

图 2-4　望远镜成像原理

如图 2-4 为望远镜成像原理图。目标 AB 经过物镜后形成一个倒立而缩小的实像 ab，移动对光凹透镜可使不同距离的目标均能成像在十字丝平面上。再通过目镜，便可看清同时放大的十字丝和目标影像 a_1b_1。

从望远镜内所看到的目标影像的视角与肉眼直接观察该目标的视角之比，称为望远镜的放大率。如图 2-4 所示，从望远镜内看到目标的像所对视角为 β，用肉眼看目标所对的视角可近似地认为是 α，故放大率 $V=\beta/\alpha$。DS_3 级水准仪望远镜的放大率一般为 28 倍。

（2）水准器

水准器是用来指示视准轴是否水平或仪器竖轴是否竖直的装置。有管水准器和圆水准器两种。管水准器是用来指示视准轴是否水平，圆水准器是用来指示竖轴是否竖直。

①管水准器：又称水准管，是一纵向内壁磨成圆弧形(圆弧半径一般为7～20m)的玻璃管，管内装酒精和乙醚的混合液，加热融封冷却后留有一个气泡(图2-5)。由于气泡较轻，气泡总是处于管内最高位置。

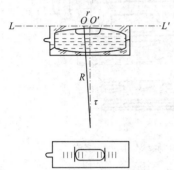

水准管上一般刻有间隔为2mm的分划线，分划线的中点 O，称为水准管零点(图2-5)。通过零点作水准管圆弧的切线，称为水准管轴(图2-5中 LL')。当水准管的气泡中点与水准管零点重合时，称为气泡居中；这时水准管轴 LL 处于水平位置。水准管圆弧 2mm（$O'O=2\text{mm}$）所对的圆心角 τ，称为水准管分划值。用公式表示为：

$$\tau'' = \frac{2}{R}\rho'' \tag{2-4}$$

式中：$\rho'' = 206265''$；

　　　R——水准管圆弧半径，mm。

图2-5 管水准器

式(2-4)说明圆弧的半径 R 愈大，角值 τ 愈小，则水准管灵敏度愈高。安装在 DS_3 级水准仪上的水准管，其分划值不大于 $20''/2\text{mm}$。

微倾式水准仪在水准管的上方安装一组符合棱镜，如图2-6(a)所示。通过符合棱镜的反射作用，使气泡两端的像反映在望远镜旁的符合气泡观察窗中。若气泡两端的半像吻合时，就表示气泡居中，如图2-6(b)所示。若气泡的半像错开，则表示气泡不居中，如图2-6(c)所示。这时，应转动微倾螺旋，使气泡的半像吻合。

②圆水准器：如图2-7所示，圆水准器顶面的内壁是球面，其中有圆分划圈，圆圈的中心为水准器的零点。通过零点的球面法线为圆水准器轴线，当圆水准器气泡居中时，该轴线处于竖直位置。当气泡不居中时，气泡中心偏移零点2mm，轴线所倾斜的角值，称为圆水准器的分划值，一般为 $8'\sim10'$。由于它的精度较低，故只用于仪器的概略整平。

③基座：基座的作用是支撑仪器的上部并与三脚架连接。它主要由轴座、脚螺旋、底板和三角压板构成。

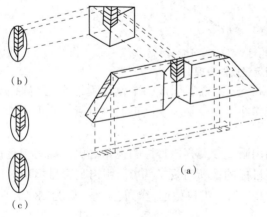

图2-6 符合棱镜成像

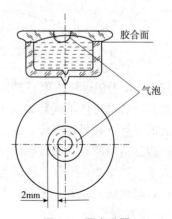

图2-7 圆水准器

2.1.2.2 水准尺和尺垫

水准测量所使用的仪器为水准仪,与其配套的工具为水准尺和尺垫。水准尺是用干燥优质木材、铝合金或玻璃钢等材料制成,长度有 2m、3m、5m 等。根据其构造分为整尺和套尺(塔尺),如图2-8所示。整尺和套尺中又分为单面分划(单面尺)和双面分划(双面尺)。

水准尺的尺面上每隔 1cm 印刷有黑、白或红、白相间的分划,每分米处注有分米数,其数字有正与倒两种,分别与水准仪的正像望远镜和倒像望远镜相配合。双面水准尺的一面为黑白分划,称为黑色面;另一面为红白分划,称为红色面。双面尺的黑色面分划的零是从尺底开始,红色面的尺底是从某一数值(一般为 4687mm 或 4787mm)开始,称为零点差。水准仪的水平视线在同一根水准尺的红、黑面读数差应等于双面尺的零点差,可作为水准测量读数时的检核。

尺垫是在转点处放置水准尺用的。它用生铁铸成,一般为三角形,中央有一突起的半球体,下方有三个支脚,如图 2-9 所示。用时将支脚牢固地插入土中,以防下沉,上方突起的半球形顶点作为竖立水准尺和标志转点之用。

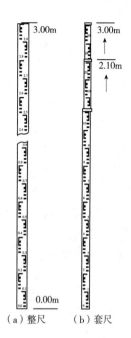

(a)整尺　(b)套尺

图 2-8　水准尺

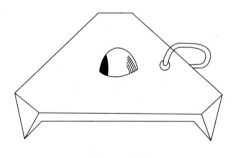

图 2-9　尺垫

2.1.3　水准仪的使用

在水准测量中,如使用微倾式水准仪,则其基本操作步骤包括仪器安置、粗略整平、瞄准水准尺、精平和读数等操作步骤。

(1)安置水准仪

打开三脚架并使高度适中,目估使架头大致水平,检查脚架腿是否安置稳固,脚架伸缩螺旋是否拧紧,然后打开仪器箱取出水准仪,置于三脚架头上,用连接螺旋将仪器固连在三脚架头上。

(2)粗略整平

粗平是借助圆水准器的气泡居中,使仪器竖轴大致铅直,从而使视准轴粗略水平。如图 2-10(a)所示,气泡未居中而位于 a 处,则先按图上箭头所指的方向用两手相对转动脚螺旋①和②，使气泡移到 b 的位置，如图 2-10(b) 所示，再转动脚螺旋③，即可使气泡居中。在整平的过程中，气泡的移动方向与左手大拇指运动的方向一致。

(3) 瞄准水准尺

首先进行目镜对光，即把望远镜对着明亮的背景，转动目镜对光螺旋，使十字丝清晰。再松开制动螺旋，转动望远镜，用望远镜筒上的照门和准星瞄准水准尺，拧紧制动螺旋。然后从望远镜中观察；转动物镜对光螺旋进行对光，使目标清晰，再转动微动螺旋，使竖丝对准水准尺。

当眼睛在目镜端上下微微移动时，若发现十字丝与目标像有相对运动，这种现象称为视差，如图 2-11(b) 所示。产生视差的原因是目标成像的平面和十字丝平面不重合。由于视差的存在会影响读数的正确性，因此必须消除。消除的方法是重新仔细地进行物镜对光，直到眼睛上下移动，读数不变为止。此时，从目镜端见到十字丝与目标的像都十分清晰，如图 2-11(a) 所示。

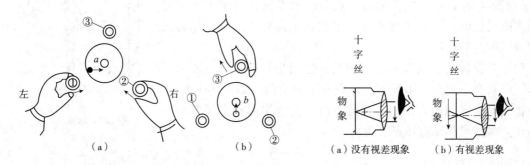

图 2-10　圆水准气泡居中　　　　　图 2-11　视差

(4) 精平与读数

眼睛通过位于目镜左方的符合气泡观察窗看水准管气泡，右手转动微倾螺旋，使气泡两端的像吻合，即表示水准仪的视准轴已精确水平。这时，即可用十字丝的中丝在尺上读数。现在的水准仪多采用倒像望远镜，因此读数时应从小往大，即从上往下读。先估读毫米数，然后报出全部读数。如图 2-12 所示，读数分别为 0.825m 和 1.273m。

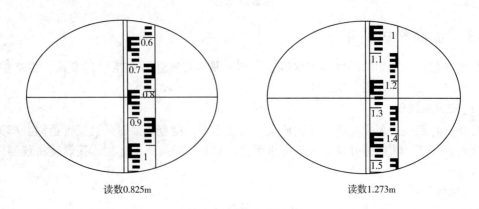

图 2-12　水准尺的读数

精平与读数虽是两项不同的操作步骤,但在水准测量的实施过程中,却把两项操作视为一个整体,即精平后再读数。读数后还要检查管水准气泡是否完全符合,只有这样,才能取得准确的读数。

2.2 用水准仪完成等外水准测量

○ **任务目标**

①掌握水准路线的布设形式;
②掌握等外水准测量的外业施测步骤及施测方法;
③掌握水准测量的内业计算和检核方法;
④理解测量误差的来源和注意事项;
⑤能根据观测数据进行水准测量的检核;
⑥能完成等外水准测量的施测及内业计算;
⑦能选择合适的测量方法,减小误差的影响。

○ **任务介绍**

本任务主要介绍等外水准测量外业实施与内业计算的全过程、水准测量施测过程中存在的误差及注意事项。通过本任务的学习,确保能独立实施等外水准测量,并能在施测过程中可以采取合适的方法提高观测精度。

○ **任务实施**

2.2.1 水准点和水准路线

(1) 水准点

为了统一全国的高程系统和满足各种测量的需要,测绘部门在全国各地埋设并测定了很多高程点,这些点称为水准点(bench mark,BM)。水准测量通常是从水准点引测其他点的高程。水准点有永久性和临时性两种。国家等级水准点如图2-13所示,一般用石料或钢筋混凝土制成,深埋到地面冻结线以下。在标石的顶面设有用不锈钢或其他不易锈蚀的材料制成的半球状标志。有些水准点也可设置在稳定的墙脚上,称为墙上水准点,如图2-14所示。

工地上的永久性水准点一般用混凝土或钢筋混凝土制成,其式样如图2-15(a)所示。临时性水准点可用地面上突出的坚硬岩石或用大桩打入地下,桩顶钉以半球形铁钉,如图2-15(b)所示。

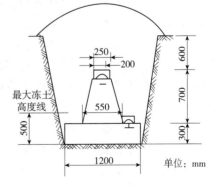

图2-13 国家等级水准点

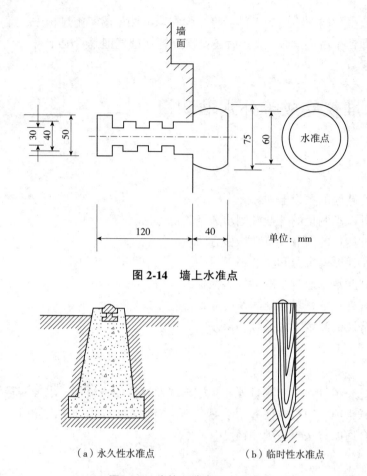

图 2-14 墙上水准点

图 2-15 建筑工地常用水准点
（a）永久性水准点　（b）临时性水准点

埋设水准点后，应绘出水准点与附近固定建筑物或其他地物的关系图，在图上还要写明水准点的编号和高程，称为点之记，以便日后寻找水准点位置之用。水准点编号前通常加 BM 字样，作为水准点的代号。

（2）水准路线

在两水准点之间进行水准测量所经过的路线称为水准路线。根据测区的情况不同，水准路线可布设成以下几种形式：

①闭合水准路线：如图 2-16（a）所示，从某一已知水准点 BM_1 开始，沿各高程待定的水准点 1、2、3、4 进行水准测量，最后仍回到原水准点 BM_1，称为闭合水准路线。沿闭合环进行水准测量时，各段高差的总和理论上应等于零，可以作为水准测量正确性与否的检验。

②附合水准路线：如图 2-16（b）所示，从已知水准点 BM_1 出发，沿各高程待定的水准点 1、2、3 进行水准测量，最后附合到另一个已知高程的水准点 BM_2 上，称为附合水准路线。在附合水准路线上进行水准测量所得各段的高差总和理论上应等于两端已知水准点间的高差，可以作为水准测量正确性与否的检验。

③支水准路线：如图 2-16（c）所示，从一个已知高程的水准点 BM_1 出发，沿各高程待

定的水准点1、2进行水准测量，其路线既不闭合又不附合，称为支水准路线。支水准路线应进行往、返水准测量，往测高差总和与返测高差总和绝对值应相等，而符号相反，以此作为支水准路线测量正确性与否的检验。

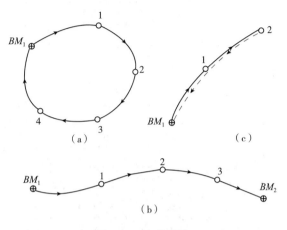

图 2-16 水准路线

2.2.2 水准测量的实施

当将要测量的高程点距水准点较远或高差很大时，就需要连续多次安置仪器以测出两点的高差。如图 2-17 所示，水准点 A 的高程为 27.354m，现拟测量 B 点的高程，其观测步骤如下：

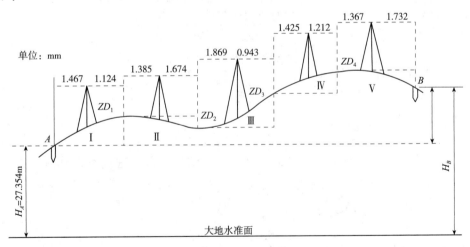

图 2-17 水准路线的施测

在离 A 点约 100m 处选定转点 1，简写为 ZD_1，在 A、ZD_1 两点上分别立水准尺。在距点 A 和 ZD_1 等距离的 I 处，安置水准仪。用圆水准器将仪器粗略整平后，后视 A 点上的水准尺，精平后读数得 1.467，记入表 2-1 观测点 A 的后视读数栏内。旋转望远镜照准 ZD_1 上的水准尺，同法读取读数为 1.124，记入 ZD_1 的前视读数栏内。后视读数减去前视读数得到高差为 +0.343，记入高差栏内。此为一个测站上的工作。

表 2-1　水准测量手簿

日　期_____　　仪　器_____　　观测人_____
天　气_____　　地　点_____　　记录人_____

测　点	水准尺读数		高差(m)		高程(m)	备注
	后视(a)	前视(b)	+	−		
BM_A	1.467				27.354	
ZD_1	1.385	1.124	0.343			
ZD_2	1.869	1.674		0.289		
ZD_3	1.425	0.943	0.926			
ZD_4	1.367	1.212	0.213			
B		1.732		0.365	28.182	
计算校核　∑	7.513	6.685	1.482	0.654	$H_B - H_A =$ +0.828	
	$\sum a - \sum b = +0.828$		$\sum h = +0.828$			

ZD_1 上的水准尺不动,把 A 点上的水准尺移到 ZD_2,仪器安置在点 1 和点 2 之间,同法进行观测和计算,依次测到 B 点。

显然,每安置一次仪器,便可测得一个高差,即

$$h_1 = a_1 - b_1$$
$$h_2 = a_2 - b_2$$
$$\cdots$$
$$h_5 = a_5 - b_5$$

将各式相加,得

$$\sum h = \sum a - \sum b$$

则 B 点的高程为:

$$H_B = H_A + \sum h \tag{2-5}$$

由上述可知,在观测过程中,ZD_1,ZD_2,$\cdots$,ZD_4 仅起传递高程的作用,无固定标志,无须算出高程。

2.2.3　水准测量的检核方法

(1) 计算检核

由式(2-5)看出,B 点对 A 点的高差等于各转点之间高差的代数和,也等于后视读数之和减去前视读数之和,因此,此式可用来作为计算的检核,见表 2-1。

$$\sum h = +0.828 \text{m}$$
$$\sum a - \sum b = 7.513 - 6.685 = +0.828 \text{m}$$

这说明高差计算是正确的。终点 B 的高程 H_B 减去 A 点的高程 H_A,也应等于 $\sum h$,在表 2-1 中为:

$$H_B - H_A = \sum h$$
$$28.182 - 27.354 = +0.828\text{m}$$

这说明高程计算也是正确的。计算检核只能检查计算是否正确，并不能检核观测和记录时是否产生错误。

(2) 测站检核

如上述所述，B 点的高程是根据 A 点的已知高程和转点之间的高差计算出来的。若其中测错任何一个高差，B 点高程就不会正确。因此，对每一站的高差，都必须采取措施进行检核测量。这种检核称为测站检核。测站检核通常采用变动仪器高法或双面尺法。

① 变动仪器高法：是在同一个测站上用两次不同的仪器高度测得两次高差以相互比较进行检核。即测得第一次高差后，改变仪器高度(应大于 10cm)重新安置，再测一次高差。若两次所测高差之差未超过容许值(如等外水准测量容许值为 6mm)，则认为符合要求，取其平均值作为最后结果，否则必须重测。

② 双面尺法：是仪器的高度不变，而立在前视点和后视点上的水准尺分别用黑面和红面各进行一次读数，测得两次高差，相互进行检核。若同一水准尺红面与黑面读数(加常数后)之差不超过 3mm，且两次高差之差又未超过 5mm，则取其平均值作为该测站观测高差，否则，需要检查原因，重新观测。

2.2.4 水准测量的成果整理

水准测量外业工作结束后，要检查手簿，再计算各点间的高差。经检核无误后，才能计算和调整高差闭合差，最后计算各点的高程。以上工作称为水准测量的内业。

(1) 附合水准路线闭合差的计算和调整

如图 2-18 所示，A、B 为两个水准点。A 点高程为 56.345m，B 点高程为 59.039m。各测段的高差，分别为 h_1、h_2、h_3 和 h_4。

显然，各测段高差之和的理论值应等于 A、B 两点高程之差，即

$$\sum h_\text{理} = H_B - H_A \tag{2-6}$$

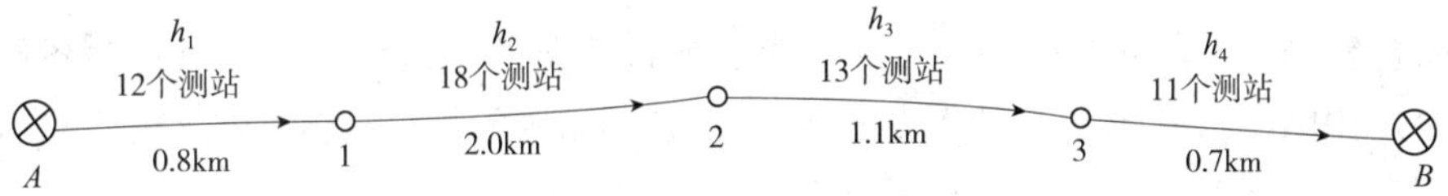

图 2-18 符合水准路线

实际上，由于测量工作中存在着误差，使式 (2-6) 左右并不相等，其差值即为高差闭合差，以符号 f_h 表示，即

$$f_h = \sum h_\text{测} - (H_B - H_A) \tag{2-7}$$

高差闭合差可用来衡量测量成果的精度，等外水准测量的高差闭合差容许值，规定为：

平地： $f_{h容} = \pm 40\sqrt{L}$ mm

山地： $f_{h容} = \pm 12\sqrt{n}$ mm
$$\tag{2-8}$$

式中：L——水准路线长度，km；
n——测站数。

若高差闭合差不超过容许值，说明观测精度符合要求，可进行闭合差的调整。现以图 2-18 中的观测数据为例，记入表 2-2 中进行计算说明。

表 2-2 水准测量成果计算表

测段编号	点名	距离(km)	测站数	实测高差(m)	改正数(m)	改正后的高差(m)	高程(m)	备注
1	2	3	4	5	6	7	8	9
1	A	0.8	12	+2.785	-0.010	+2.775	56.345	
2	1	1.3	18	-4.369	-0.016	-4.385	59.120	
3	2	1.1	13	+1.980	-0.011	+1.969	54.735	
4	3	0.7	11	+2.345	-0.010	+2.335	56.704	
Σ	B	3.9	54	+2.741	-0.047	+2.694	59.039	
辅助计算				$f_h=+0.047$mm　$n=54$　$f_h/n=-0.87$mm　$f_{h容}=\pm12\sqrt{54}=\pm88$mm				

①高差闭合差的计算：

$$f_h = \sum h_{测} - (H_B - H_A) = 2.741 - (59.039 - 56.345) = +0.047\text{m}$$

设为山地，故

$$f_{h容} = \pm 12\sqrt{n} = \pm 12\sqrt{54} = \pm 88\text{mm}$$

$|f_h| < |f_{h容}|$，其精度符合要求。

②闭合差的调整：在同一条水准路线上，假设观测条件是相同的，可认为各站产生的误差机会是相同的，故闭合差的调整按与测站数（或距离）呈正比例反符号分配的原则进行。本例中，测站数 $n=54$，故每一站的高差改正数为：

$$-\frac{f_h}{n} = -\frac{47}{54} = -0.87$$

各测段的改正数，按测站数计算，分别列入表 2-2 中的第 6 栏内，改正数总和的绝对值应与闭合差的绝对值相等。第 5 栏中的各实测高差分别加改正数后，便得到改正后的高差，列入第 7 栏。最后求改正后的高差代数和，其值应与 A、B 两点的高差（H_B-H_A）相等，否则，说明计算有误。

③高程的计算：根据检核过的改正后高差，由起始点 A 开始，逐点推算出各点的高程，列入第 8 列栏中。最后计算的 B 点高程应与已知的高程 H_B 相等，否则说明高程计算有误。

(2) 闭合水准路线闭合差的计算与调整

闭合水准路线各段高差的代数和理论值应等于零，即

$$\sum h_{理} = 0$$

由于存在着测量误差，必然产生高差闭合差，即

$$f_h = \sum h_{测} \tag{2-9}$$

闭合水准路线高差闭合差的调整、容许值的计算，均与附合水准路线相同。

(3) 支水准路线闭合差的计算与调整

为了检核成果，采用往、返观测，往返高差的代数和理论值应为零，其高差闭合差 f_h 为：

$$f_h = \sum h_{往} + \sum h_{返} \tag{2-10}$$

当 $|f_h| \leq |f_{h容}|$ 时，按式(2-11)计算高差，其符号同往测，即

$$h_{平} = (\sum h_{往} + \sum h_{返})/2 \tag{2-11}$$

2.3 水准测量误差来源及注意事项

2.3.1 水准测量误差来源

水准测量误差包括仪器误差、观测误差和外界条件的影响三个方面。

(1) 仪器误差

①仪器校正后的残余误差：如水准管轴与视准轴不平行，虽经校正但仍然残存少量误差等。这种误差的影响与距离呈正比，只要观测时注意使前、后视距离相等，便可消除或减弱此项误差的影响。

②水准尺误差：由于水准尺刻划不准确、尺长变化、弯曲等影响，会影响水准测量的精度，因此，水准尺须经过检验才能使用。至于尺的零点差，可采取在一水准测段中使测站为偶数的方法予以消除。

(2) 观测误差

①水准管气泡居中误差：设水准管分划值为 τ''，居中误差一般为 $\pm 0.15\tau''$，采用符合式水准器时，气泡居中精度可提高一倍，故居中误差为：

$$m_\tau = \frac{\pm 0.15\tau''}{2\rho''} \cdot D \tag{2-12}$$

式中：D——水准仪到水准尺的距离。

②读数误差：在水准尺上估读毫米数的误差，与人眼的分辨能力、望远镜的放大倍率以及视线长度有关，通常按下式计算：

$$m_V = \pm \frac{60''D}{V\rho''} \tag{2-13}$$

式中：V——望远镜的放大倍率；

　　　$60''$——人眼的极限分辨能力。

③视差影响：当存在视差时，十字丝平面与水准尺影像不重合，若眼睛观察的位置不

同,便读出不同的读数,因而也会产生读数误差。

④水准尺倾斜影响:水准尺倾斜将使尺上读数增大,如水准尺倾斜3°30′,在水准尺上1m处读数时,将会产生2mm的误差;若读数大于1m,误差超过2mm。

(3) 外界条件的影响

①仪器下沉:由于仪器下沉,使视线降低,从而引起高差误差。若采用"后、前、前、后"的观测程序,可减弱其影响。

②尺垫下沉:如果在转点发生尺垫下沉,将使下一站后视读数增大,这将引起高差误差。采用往返观测的方法,取成果的中数,可以减弱其影响。

③地球曲率及大气折光影响:如图2-19所示,用水平视线代替大地水准面在尺上读数产生的误差为Δh,此处用C代替Δh,则

$$C = \frac{D^2}{2R} \tag{2-14}$$

式中:D——仪器到水准尺的距离;

R——地球的平均半径,为6371km。

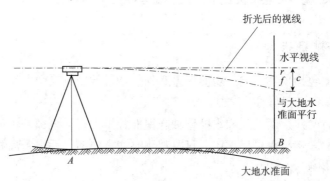

图2-19 地球曲率及大气折光影响

实际上,由于大气折光,视线并非水平,而是一条曲线(图2-19),曲线的曲率半径约为地球半径的7倍,其折光量的大小对水准尺读数产生的影响为:

$$r = \frac{D^2}{2 \times 7R} \tag{2-15}$$

折光影响与地球曲率影响之和为:

$$f = C - r = \frac{D^2}{2R} - \frac{D^2}{14R} = 0.43 \frac{D^2}{R} \tag{2-16}$$

如果使前后视距离D相等,由式(2-16)计算的f值则相等,地球曲率和大气折光的影响将得以消除或大大减弱。

④温度影响:温度的变化不仅引起大气折光的变化,而且当烈日照射水准管时,由于水准管本身和管内液体温度的升高,气泡向着温度高的方向移动,从而影响仪器水平,产生气泡居中误差,观测时应注意撑伞遮阳。

2.3.2 水准测量注意事项

水准测量成果不满足要求,多数是由于测量人员疏忽大意造成的。为此,除要求测量人员对工作认真负责外,在测量时应注意以下事项,可以减少不必要的返工重测。

①读数前观察符合水准气泡居中后方可读数,读数后应检查符合水准气泡是否居中。
②读尺时不能误读整米数,或把 6(9) 误读成 9(6)。
③未读下一站的后视,立尺员不能将转点上的尺垫碰撞或拔起。
④用塔尺进行水准测量时,尺节自动下滑未被发现。
⑤记录人听错、记错,或把前、后视读数位置搞错。
⑥误把十字丝的上、下视距丝当作十字丝横丝在水准尺上读数。

2.4 项目考核

1. 设 A 为后视点,B 为前视点,A 点高程是 20.016m。当后视读数为 1.124m,前视读数为 1.428m 时,A、B 两点高差是多少?B 点比 A 点高还是低?B 点的高程是多少?并绘图说明。
2. 水准测量时应注意前、后视距离相等,它可消除哪几项误差?
3. 试述水准测量的计算校核,它主要校核哪两项计算?
4. 调整下表中附合水准路线观测成果,并求出各点的高程。

测段	点名	测站数	实测高差(m)	改正数(m)	改正后高差(m)	高程(m)	备注
	BM_A					57.967	
A-1		7	+4.363				
	1						
1-2		3	+2.413				
	2						
2-3		4	-3.121				
	3						
3-4		5	+1.263				
	4						
4-5		6	+2.716				
	5						
5-B		8	-3.715				
	BM_B					61.819	
辅助计算							

5. 调整下图所示闭合水准路线的观测成果，并求出各点的高程。

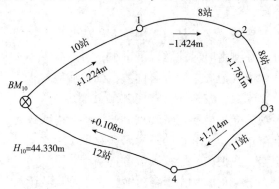

第3章 角度测量

角度测量是测量的基本工作之一。常用的角度测量仪器是光学经纬仪,它既能测量水平角,又能测量竖直角。水平角用于求算地面点的平面位置(坐标),竖直角用于求算高差或将倾斜距离换算成水平距离。本章项目包括经纬仪测角原理及使用方法、水平角观测、垂直角观测、角度测量误差分析四个工作任务。

3.1 经纬仪测角原理及使用方法

○ 任务目标

①掌握角度测量的原理,包括水平角与垂直角;
②熟知光学经纬仪构造;
③掌握光学经纬仪的使用方法;
④能明确经纬仪测角与构造关系;
⑤能对经纬仪进行对中与整平。

○ 任务介绍

本任务主要介绍角度测量的原理、光学经纬仪的构造及使用方法。通过本任务的学习,确保能明确光学经纬仪测量水平角与垂直角原理。

○ 任务实施

3.1.1 角度测量原理

(1)水平角及其测量原理

水平角是指一点到两个目标点的方向线垂直投影到水平面上所形成的夹角。水平角一般用 β 表示,数值范围在 $0°\sim360°$。如图 3-1 所示,A、B、C 为地面上高度不同的三点,三点沿铅垂线方向投影到水平面上,得到相应的点 a、b、c,则水平线 ab、ac 的夹角 $\angle bac$ 即为 B、C 两点对 A 点所形成的水平角 β。可以看出,β 也就是过 AB、AC 所作的两个铅垂面之间两面角。

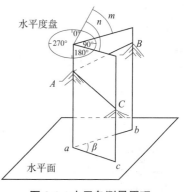

图 3-1 水平角测量原理

为了测量水平角,在 A 点上方架设一仪器。仪器上有一个水平安置的刻有度数的圆度盘,称为水平度盘。水平度盘的中心 O 安放在通过 A 点的铅垂线上。仪器上具备瞄准远处目标的望远镜,它不但能在水平方向旋转,而且也能在竖直面内旋转。这样,通过望远镜瞄准地面上的目标 B,读出 B 点对应的水平度盘读数,再瞄准地面上的目标 C,读出 C 点对应的水平度盘读数,即读出 AB、AC 的水平方向值 m 和 n,则水平角 β 就是 AB、AC 的水平方向值之差,即 $\beta = n - m$。

(2)垂直角及其测量原理

垂直角是指观测目标的方向线与同一铅垂面内的水平线之间的夹角,也称为竖直角。

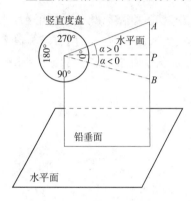

图 3-2 竖直角测量原理

垂直角一般用 α 表示。垂直角有正、负之分,如图 3-2 所示,倾斜视线 OA 与水平线的夹角位于水平线上方,形成仰角,符号为正。而倾斜视线 OB 与水平线的夹角位于水平线的下方,为俯角,符号为负。垂直角的角值范围在 0°~±90°。

为了测量垂直角,我们可以在测量水平角仪器的望远镜旋转轴的一端安装一个刻有度数的圆度盘,称为垂直度盘。垂直度盘中心与望远镜旋转轴中心重合,且与望远镜旋转轴固定在一起。当望远镜上下转动时,垂直度盘连同望远镜一起转动。另外再设置一个不随望远镜转动的垂直度盘读数指标,并使视线水平时的垂直度盘读数为某一固定的整数。同水平角观测相似,用望远镜照准目标点,读出目标点对应的垂直度盘读数,根据该读数与望远镜水平时的垂直度盘读数就可以计算出垂直角的值。

经纬仪就是根据上述角度测量的原理和要求而制造的角度测量仪器,它既可用于测量水平角,也可用于测量垂直角。

3.1.2 光学经纬仪及其使用

经纬仪按测角原理可以分为光学经纬仪和电子经纬仪。与电子经纬仪相比,光学经纬仪具有原理简单、性能稳定等特点,在地形测量和工程测量中广泛使用。光学经纬仪按精度等级可以分为 DJ_{07}、DJ_1、DJ_2、DJ_6 等,"D""J"分别为大地测量和经纬仪的汉语拼音的第一个字母,07、1、2、6 表示该仪器一测回方向观测值中误差的秒数。一测回方向观测值中误差为 2″ 及 2″ 以内的经纬仪属于精密经纬仪,一测回方向观测值中误差为 6″ 及 6″ 以上的经纬仪属于普通经纬仪。表 3-1 为 DJ_2 和 DJ_6 光学经纬仪的主要技术参数。

表 3-1 DJ_2、DJ_6 光学经纬仪的主要技术参数

项 目	型 号	
	DJ_2	DJ_6
水平方向测量一测回中误差不超过(″)	±2	±6
物镜有效孔径不小于(mm)	40	35
望远镜放大倍率不小于(倍)	28	25

(续)

项 目		型 号	
		DJ_2	DJ_6
水准管分划值 不大于("/2mm)	水平度盘	20	30
	竖直度盘	20	30
主要用途		三、四等三角测量及精密工程测量	一般工程测量、图根及地形测量

一般工程测量和地形测量中经常用到 DJ_6 光学经纬仪，由于生产厂家的不同，仪器部件和结构也不完全一样，但主要部件和结构大致相同。

3.1.2.1 DJ_6 光学经纬仪的基本构造

DJ_6 光学经纬仪由基座、水平度盘和照准部三部分组成。图 3-3 为 DJ_6 光学经纬仪的示意图，图 3-4 为 DJ_6 光学经纬仪分解图。

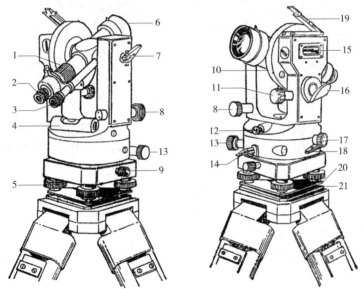

1. 调焦螺旋；2. 目镜；3. 读数显微镜；4. 照准部水准管；5. 脚螺旋；6. 望远镜物镜；
7. 望远镜制动钮；8. 望远镜微动螺旋；9. 竖轴固紧螺旋；10. 竖直度盘；11. 竖盘指标水准管微动螺旋；
12. 光学对中器目镜；13. 水平微动螺旋；14. 照准部水平制动钮；15. 竖盘指标水准管；16. 反光镜；
17. 度盘变换手轮；18. 保险手柄；19. 竖盘指标 水准管反光镜；20. 托板；21. 压板。

图 3-3　DJ_6 光学经纬仪

(1) 基座

基座位于仪器的下部，由轴座、脚螺旋和底板等部件组成。基座的中间为基座轴座，仪器的竖轴轴套可以插入基座轴座内旋转，基座上还设有轴座固定螺旋，拧紧轴座固定螺旋可将照准部固定在基座上。基座上的三个脚螺旋，用于整平仪器。基座底板的中央有螺孔，三脚架头上的连接螺旋旋进螺孔内，可以将仪器固定在三脚架上。

(2) 水平度盘

水平度盘是一个光学玻璃圆盘，其边缘按顺时针方向刻有 0°～360°的刻画。水平度盘的轴套套在竖轴轴套的外面，可以绕竖轴轴套旋转。照准部旋转时，水平度盘并不随之转动。要改变某方向的水平度盘读数,可以转动换盘手轮,使水平度盘上的某刻度对准读数指标。某些型号的仪器则装置复测器扳手,用来使水平度盘与照准部连接或脱开。将复测器扳手扳下时,照准部带动水平度盘一起转动,此时水平度盘读数不变,将复测器扳手扳上时,水平度盘与照准部分离,照准部转动时水平度盘不动,因而水平度盘读数会随着照准部转动而改变。

(3) 照准部

照准部是基座之上能绕竖轴旋转的部分的总称,它由望远镜、垂直度盘、水准器、光学读数设备、横轴、支架、水平制动与微动螺旋、望远镜制动与微动螺旋等部件组成。照准部的旋转轴即为仪器的竖轴(图3-4)。

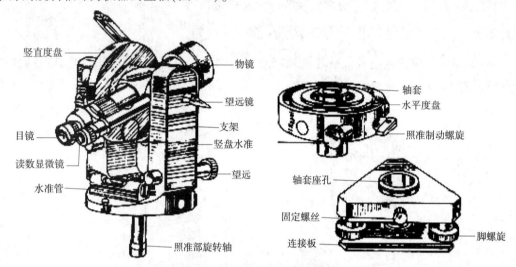

图3-4　DJ₆光学经纬仪的结构

望远镜通过横轴安置在照准部两侧的支架上,其构造与水准仪上的望远镜基本相同,也是由物镜、目镜、十字丝分划板和调焦透镜组成。但为了便于照准目标,经纬仪望远镜十字的竖丝一般设计为一半为单丝、一半为双丝的形式,有些仪器横丝亦如此。垂直度盘安装在横轴的一侧,望远镜旋转时,垂直度盘随之一起转动。与垂直度盘配套的还有垂直度盘指标水准管及其调节螺旋。

照准部上安装有水准管,它的作用是精确整平仪器,使仪器的竖轴处于铅垂位置,并根据仪器内部应具备的几何关系使水平度盘和横轴处于水平位置。照准部上还设有光学对中器,用于光学对中。

反光镜的作用是将外部光线反射进入仪器,通过一系列透镜和棱镜,将度盘和分微尺的影像反映到读数显微镜内,以便读出水平度盘或竖直度盘的读数。

照准部在水平方向的转动由水平制动螺旋和水平微动螺旋控制,望远镜在竖直面内的转动由望远镜制动螺旋和望远镜微动螺旋控制。观测时,用粗瞄准器瞄准远方的目标,拧紧照准部和望远镜制动螺旋。然后转动望远镜的调焦手轮,将目标清晰成像在十字丝分划板平面上,通过照准部和望远镜微动螺旋精确照准目标。

3.1.2.2　DJ₆光学经纬仪的光学系统及读数方法

DJ₆光学经纬仪型号不同,光学系统和读数方法也不尽相同。我国目前生产的DJ₆经纬仪大多采用分微尺读数装置。图3-5是采用分微尺装置光学经纬仪的光路图，外来光线经反光镜1进入毛玻璃2分为两路，一路经棱镜3转折90°通过聚光镜4及棱镜5。照亮水平度盘6的分划线。水平度盘分划线经复合物镜7、8和转向棱镜9成像于平凸透镜10的平面上。另一路经棱镜14折射后照亮垂直度盘15，经棱镜16折射，竖直度盘分划线通过复合物镜组17、18和转向棱镜20及菱形棱镜21，也成像于平凸透镜10的平面上。在这个平面上有两条测微尺（每条刻有60小格），放大后两个度盘分划线为1°间隔，正好等于相应分微尺60格的总长，因此分微尺上的一小格代表1′，两个度盘分划线的像连同分微尺上的分划一起经棱镜11折射后传到读数显微镜（12是读数显微镜的物镜，13是目镜）。经过这样的光学系统，度盘的像被放大，以便于精确读数。图3-5中22～26为光学对中器的光路。图3-6为分微尺的原理。

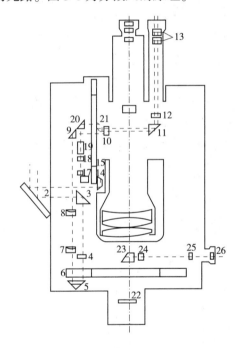

图3-5 DJ$_6$经纬仪度盘读数光路

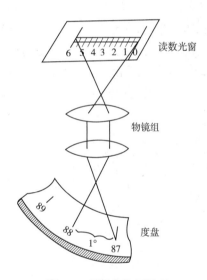

图3-6 透镜组作用原理

图3-7是读数显微镜的视场，视场内有2个读数窗，标有"H"字样的读数窗内的是水平度盘分划线及其分微尺的像，标有"V"字样的读数窗内的是垂直度盘的分划线及其分微尺的像。某些型号的仪器也可能用"水平"表示水平度盘读数窗，用"竖直"表示垂直度盘读数窗。读数方法如下：先读取位于分微尺0～60条分划之间的度盘分划线的"度"数，再从分微尺上读取该度盘分划线对应的"分"数，估读至0.1′。图3-7中的水平度盘读数为129°02′42″（129°2.7′），垂直度盘读数为85°57′90″（85°57.5′）。

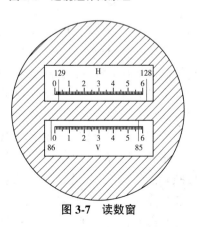

图3-7 读数窗

3.1.2.3　DJ$_6$级经纬仪的基本操作

经纬仪的基本操作包括仪器安置、瞄准和读数等基本步骤。

（1）安置经纬仪

将仪器安置在待测角的顶点上，该点称为测站点。在测站点上安置经纬仪，包括仪器的对中和整平两项内容。

（2）对中

对中就是使水平度盘的中心与地面测站点的标志中心位于同一铅垂线上。对中的方法有垂球对中和光学对中两种。

①垂球对中：首先，根据观测者身高调整好三脚架腿的长度，张开后安置在测站上，使架头大致水平，高度适合于人体观测，架头中心初步对准地面点位（图3-8）。然后从仪器箱中取出经纬仪放在三脚架架头上，旋紧连接螺旋，挂上垂球，使垂球尖接近地面点位，挂钩上的垂线应打活结，便于随时调整长度。如果垂球中心离测站点较远，可平移三脚架使垂球大致对准点位，并用力将脚架踩入土中。如果还有较小的偏离，可将仪器大致整平，稍松连接螺旋，用双手扶住仪器基座，在架头上移动仪器，使垂球尖精确对准测站点后，再将连接螺旋旋紧。用垂球对中的误差一般控制在3mm以内。

②光学对中：光学对中器是装在经纬仪内轴中心的小望远镜，中间有一个反光棱镜，可以使铅垂的光线折射成水平方向，以便观察（图3-9）。光学对中的方法为：

图3-8　垂球对中

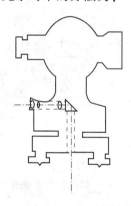

图3-9　光学对中

步骤一，将仪器安置在三脚架架头上，调节光学对中器目镜，使视场中的分划圆清晰，再拉动整个对中器镜筒进行调焦，使地面标志点的影像清晰。此时，如果测站点偏离光学对中器中心圆较远，可根据地形安置好三脚架一支腿，两手分别持其他两条腿，眼对光学对中器目镜观察，移动这两支腿使对中器的分划板小圆圈对准标志为止，用脚把三支腿踩稳。

步骤二，伸缩脚架支腿使圆气泡居中。

步骤三，观察对中器分划板小圆圈中心是否与测站点对准，如果尚未对准，稍松仪器连接螺旋，在架头上移动仪器，使对中器分划板小圆中心精确对准测站点，旋紧连接螺旋。

步骤四，转动脚螺旋精确整平仪器。

步骤五，再检查一下是否精确对中，如有偏离可重复步骤三和步骤四，直到对中器分划板小圆圈中心对准测站点并整平为止。

(3) 整平

整平的目的是使仪器的竖轴处于铅垂方向。整平的方法为：

步骤一，转动仪器照准部，使照准部水准管平行于任意两个脚螺旋的连线，如图 3-10(a) 所示，用双手同时向内或向外等量转动两个与照准部水准管平行的脚螺旋，使气泡居中，气泡移动方向与左手大拇指移动方向一致。

步骤二，将照准部转动 90°，如图 3-10(b) 所示，使照准部水准管垂直于原来两个脚螺旋的连线，调整第三只脚螺旋使水准管气泡居中。

整平一般需要反复进行几次，直至照准部转到任何位置水准管气泡都居中。在观测水平角过程中，可允许气泡偏离中心位置不超过 1 格。

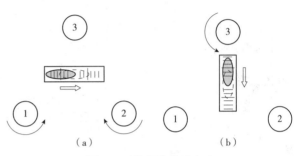

图 3-10　脚螺旋整平方法

(4) 瞄准

瞄准就是用望远镜十字丝交点与被测目标精确对准，其操作步骤为：

步骤一，松开仪器水平制动螺旋和望远镜制动螺旋，将望远镜对向明亮背景，转动目镜调焦螺旋，使十字丝最为清晰。

步骤二，用望远镜上方的粗瞄准器对准目标，然后拧紧水平制动螺旋和望远镜制动螺旋。

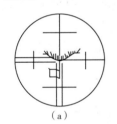 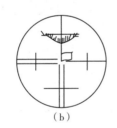

步骤三，转动物镜调焦螺旋，使目标成像清晰，并注意消除视差。

步骤四，转动水平微动螺旋和望远镜微动螺旋，使十字丝分划板的竖丝精确地瞄准目标点。观测水平角时，将目标影像夹在双纵丝内且与双纵丝对称，或用单纵丝平分目标，如图 3-11(a) 所示；观测垂直角时，则应

图 3-11　瞄准方法

使用十字丝中丝与目标顶部相切，如图 3-11(b) 所示。

(5) 读数

打开反光镜，并调整其位置，使进光明亮均匀，然后进行读数显微镜调焦，使读数窗分划清晰，并消除视差。对于采用分微尺读数装置的仪器，直接进行读数；对于采用平行玻璃测微器的仪器，应先旋转测微手轮，使度盘上的某分划线位于双丝指标线中间后再进行读数。在垂直角读数前，首先要看清仪器是采用指标水准器还是采用指标自动补偿器，如是采用指标水准器，则转动指标水准器微动螺旋使指标水准器气泡居中后读数，如是采用自动补偿装置，则在读数前按一下补偿控制按钮，同时观察指标线是否左右摆动，如左右摆动，等静止后直接读数，否则，可能是自动补偿器卡固，要进行调校。

3.2 水平角观测

◯ **任务目标**

①掌握测回法观测水平角方法；
②了解方向观测法观测水平角方法；
③能用经纬仪测回法观测水平角；
④具备对利用方向观测法观测水平角的认知。

◯ **任务介绍**

本任务主要介绍如何应用光学经纬仪测量水平角。通过本任务的学习，确保能够熟练掌握水平角观测及计算方法。

◯ **任务实施**

水平角的观测方法，一般根据观测目标的多少和测角的精度要求确定。常用的观测水平角的方法有测回法和全圆方向法。

3.2.1 测回法

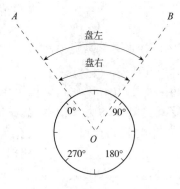

图 3-12 测回法观测水平角

测回法适用于观测只有两个方向的单个角度，是水平角观测的基本方法。采用测回法观测时，先进行盘左位置观测，再进行盘右位置观测，最后取盘左、盘右两次测得角度的平均值作为观测结果。如图 3-12 所示，要测出 OA、OB 两方向之间的水平角，具体操作步骤如下：

①将仪器安置在 O 点，对中、整平。
②盘左位置（从望远镜目镜向物镜方向看，垂直度盘位于望远镜左边）照准观测目标 A，将水平度盘读数设置为略大于零，读取水平度盘读数以 $a_{左}$。
③顺时针转动照准部，照准目标 B，读取水平度盘读数 $b_{左}$。则上半测回所得水平角值为：

$$\beta_{左} = b_{左} - a_{左} \tag{3-1}$$

④倒转望远镜成盘右（从望远镜目镜向物镜方向看，垂直度盘位于望远镜右边）位置，仍照准目标 B，读取水平度盘度数 $b_{右}$。
⑤逆时针转动照准部，照准目标 A，读取水平度盘读数以右，则下半测回所得角值为：

$$\beta_{右} = b_{右} - a_{右} \tag{3-2}$$

上、下半测回合称为一测回。采用盘左、盘右两个位置观测水平角，可以抵消某些仪器构造误差对测角的影响，同时可以检核观测中有无错误。

对于 DJ_6 光学经纬仪，如果 $\beta_{左}$ 与 $\beta_{右}$ 的差值不大于 40″，则取盘左、盘右的平均值作为最后结果：
$$\beta = \frac{1}{2}(\beta_{左} + \beta_{右}) \tag{3-3}$$

如果$\beta_{左}$与$\beta_{右}$的差值大于40″，应该找出原因并重测。

为了提高测量精度，往往需对某角度观测多个测回，这时为减少度盘的刻画不均匀误差，各测回起始方向的度盘读数应均匀变换，其预定值可按下式计算：

$$\delta = (i-1)\frac{180°}{n} \tag{3-4}$$

式中：n——总测回数；

i——测回顺序数，$i=1, 2, \cdots, n$。

显然，不论n取值如何，第一个测回预定值总是零，若$n=2$，则第二个测回的预定值为90°。若以$n=5$，则各测回的预定值依次为0°、36°、72°、108°、144°。测回法观测记录见表3-2。

表3-2 测回法观测手簿

观测日期：××××年×月×日　　　天　气：晴　　　仪　器：DJ$_6$-06
测　　站：O　　　　　　　　　　　观测者：××　　　记录者：××

测站	测回	垂直度盘位置	目标	度盘读数 (° ′ ″)	半测回角值 (° ′ ″)	一测回角值 (° ′ ″)	各测回平均角值 (° ′ ″)	备注
O	1	左	A	0 02 00	65 30 21	65 30 21	65 30 21	
			B	65 32 18				
		右	A	180 02 12	65 30 24			
			B	245 32 06				
	2	左	A	90 01 24	65 30 24	65 30 24		
			B	155 31 48				
		右	A	270 01 48	65 30 24			
			B	335 32 12				

3.2.2 全圆方向法

当一个测站上需要观测3个以上方向时，通常采用全圆方向法观测水平角。全圆方向法也称为全圆测回法，它是以某一个目标作为起始方向(又称零方向)，依次观测出其余各个目标相对于起始方向的方向值，则每个角度的角值就是组成该角度的两个方向的方向值之差。

如图3-13所示，欲在测站O上观测A、B、C、D四个方向，测出它们的方向值，然后计算它们之间的水平角，其观测步骤及记录、计算方法如下：

(1) 观测步骤

①将仪器安置于测站点O，对中、整平。

②选择视线条件好，成像清晰、稳定与O点相对较远的目标点作为零方向，这里假设

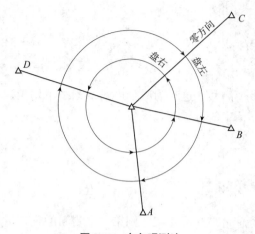

图 3-13 方向观测法

选择 C 点作为零方向。

③用盘左位置，照准目标点 C，将水平度盘读数设置为略大于 $0°$，读取该读数 C，见表 3-3 中的 $0°02'00''$。

④顺时针方向转动照准部依次照准目标 D、A、B，读取相应水平度盘读数 d_1、a_1、b_1，记入手簿中。

⑤顺时针方向瞄回零方向 C，读取水平度盘读数 c_1'。这一步骤称为归零。两次零方向读数 c_1 与 c_1' 之差称为半测回归零差。使用 DJ_6 经纬仪观测，半测回归零差不应大于 $18''$；使用 DJ_2 经纬仪观测，半测回归零差不应大于 $8''$。

⑥倒转望远镜成盘右位置，照准零方向 C，读取读数 c_2。

⑦逆时针方向转动照准部依次照准目标 B、A、D，读取相应水平度盘读数 b_2、a_2、d_2。

⑧逆时针方向瞄回目标点 C，读取水平度盘读数 c_2'，并计算归零差 c_2-c_2' 是否超限，其限差规定同上半测回。

当观测方向为 3 个时，可以不归零，超过 3 个时必须归零。

全圆方向法观测记录见表 3-3。

表 3-3　全圆方向法观测手簿

观测日期：××××年×月×日　　　天　气：晴　　　仪　器 DJ_6-28
测　　　站：O　　　　　　　　　观测者：××　　　记录者：××

测站	测回	目标	水平度盘读数 盘左 (° ′ ″)	水平度盘读数 盘右 (° ′ ″)	$2C''$	平均读数 (° ′ ″)	归零方向值 (° ′ ″)	各测回归零方向值的平均值 (° ′ ″)	角值 (° ′ ″)
O	1	C	0 02 00	180 02 12	−12	(0 02 09) 0 02 06	0 00 00		
		D	52 33 36	232 33 42	−6	52 33 39	52 31 30		
		A	110 23 18	290 23 30	−12	110 23 24	110 21 15		
		B	235 22 24	55 22 42	−18	235 22 33	235 20 24		
		C	0 02 06	180 02 18	−12	0 02 12			
	2	C	90 01 36	270 01 42	−6	(90 01 36) 90 01 39	0 00 00	0 00 00	52 31 36
		D	142 33 12	322 33 24	−12	142 33 18	52 31 42	51 31 36	
		A	200 22 54	200 23 06	−12	200 23 00	110 21 24	110 21 20	57 49 44
		B	325 21 54	145 22 12	−18	325 22 03	235 20 27	235 20 26	
		C	90 01 30	270 01 36	−6	90 01 33			124 39 34

(2) 全圆方向法的计算及限差规定

①C 的计算：$2C$ 是 2 倍视准轴误差，它在数值上等于同一测回同一方向的盘左读数 L 与盘右读数 $R±180°$ 之差。即

$$2C=L-(R±180°) \quad (3-5)$$

如果观测目标大致在水平方向，则 $2C$ 值应该为一常数。但实际观测中，由于观测误差的产生不可避免，各方向的 $2C$ 值不可能相等，它们之间的差值，称为 $2C$ 变动范围。规范规定，DJ_2 经纬仪的 $2C$ 变动范围不应超过 13″；对于 DJ_6 经纬仪，$2C$ 变动范围的大小仅供观测者自检，不作限差规定。

②计算各方向的平均读数：取每一方向盘左读数与盘右读数180°的平均值，作为该方向的平均读数。即

$$平均读数 = \frac{1}{2}[L+(R±180°)] \quad (3-6)$$

由于归零，起始方向有两个平均读数，应再取其平均值，作为起始方向的平均读数。

③归零方向值的计算：将零方向的平均读数化为 0°00′00″，而其他各目标的平均读数都减去零方向的平均读数，得到各方向的归零方向值。即

$$归零方向值 = 平均读数 - 零方向平均读数 \quad (3-7)$$

如果进行多个测回观测，同一方向各测回观测得到的归零方向值理论上应该相等，它们之间的差值称为同一方向各测回互差，DJ_6 经纬仪同一方向各测回互差不应大于 24″，DJ_2 经纬仪不应大于 9″。

④各测回平均方向值的计算：将各测回同一方向的归零方向值相加并除以测回数，即得该方向各测回平均方向值。

⑤水平角计算：将组成该角度的两方向的方向值相减即可求得。

DJ_6 经纬仪与 DJ_2 经纬仪的半测回归零差，一测回 $2C$ 互差，同一方向值各测回互差的限差见表 3-4。

表 3-4 全圆方向法观测水平角限差

仪器	半测回归零差	一测回 $2C$ 互差	同一方向各测回互差
DJ_2	8″	13″	9″
DJ_6	18″		24″

(3) 观测中应注意的问题

①记簿六不准：不得连环改，即不得同时改动观测值与半测回方向值的分、秒；不准就字改字，允许改动的数字应用横线整齐划去，在上面写正确的数字；不准使用橡皮；不准转抄结果；水平角观测结果中间不准留空页；不准改动零方向。

②重测和补测规定：重测是指因超限而重测完整的测回。对由于对错度盘、测错方向、读记错误、上半测回归零差超限、碰动仪器、气泡偏离过大及其他原因造成误差，均应重测。零方向 $2C$ 差超限，或补测方向数超过总方向数一半时应重测整个测回。$2C$ 差超限或各测回互差超限时，应补测该方向并联测零方向。

3.3 垂直角观测

○ 任务目标

①理解竖直度盘构造原理；
②掌握垂直角观测方法与计算；
③能用经纬仪测量垂直角。

○ 任务介绍

本任务主要介绍如何应用光学经纬仪测量垂直角。通过本任务的学习，确保能熟练掌握垂直角观测及计算方法。

○ 任务实施

3.3.1 经纬仪竖直度盘的构造

竖直度盘也称竖盘，经纬仪上的竖直度盘安装在横轴的一端，垂直度盘的刻划中心与横轴的旋转中心重合，竖直度盘的刻划面与横轴垂直。图3-14是DJ_6光学经纬仪的竖直度盘结构示意图。它的主要部件包括：竖直度盘、竖直度盘指标(读数窗内的零分划线)、竖直度盘指标水准管和竖直度盘指标水准管微动螺旋。

当望远镜在竖直面内上下转动时，竖直度盘也随之转动，而用来读取竖直度盘读数的指标，并不随望远镜转动，因此可以读出不同的竖直度盘读数。

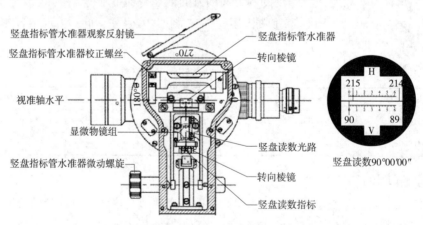

图 3-14 竖直度盘结构

竖直度盘指标与竖直度盘指标水准管连接在一个微动架上，转动竖直度盘指标水准管微动螺旋，可以改变竖直度盘分划线影像与指标线之间的相对位置。在正常情况下，当竖直度盘指标水准管气泡居中时，竖直度盘指标就处于正确位置。因此，在观测垂直角时，每次读取竖直度盘读数之前，都应先调节竖直度盘指标水准管的微动螺旋，使竖直度盘指标水准管气泡居中。

另有一些型号的经纬仪，其竖直度盘指标装有自动补偿装置，能自动归零，因而可直接读数。自动补偿装置有悬挂透镜式补偿器、悬挂平板玻璃补偿器等多种，但不管哪种补偿器，它们的作用都是相同的，都能使指标处于正确位置，达到自动归零的目的。

光学经纬仪的竖直度盘是一个玻璃圆盘，其注记有多种形式。DJ_6 光学经纬仪通常采用 0°~360°顺时针方向注记或逆时针方向注记两种形式，如图 3-15 所示。当望远镜视线水平且指标水准器气泡居中或自动补偿器归零时，盘左位置垂直度盘读数应为 90°，盘右位置垂直度盘读数应为 270°。

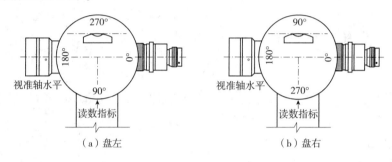

图 3-15 竖盘刻度注记

3.3.2 竖直角的计算

竖直度盘注记形式不同，根据竖直度盘读数计算垂直角的公式也不同。根据竖直角的定义和竖直度盘的结构可知：竖直角大小可由瞄准目标时的竖直度盘读数与望远镜视线水平时的竖直度盘读数之差求得(望远镜视线水平时的竖直度盘读数是一个定值)。下面以图 3-16 为例，按仰角为正、俯角为负的原则，可得出竖直角的计算公式。

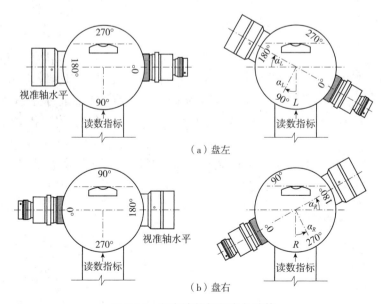

图 3-16 竖盘读数与竖直角计算

如图 3-16 所示仪器的竖直度盘按顺时针形式注记，目前我国生产的经纬仪大多采用这种形式。图 3-16(a)为盘左位置望远镜视准轴水平时的情况，此时竖直度盘读数为90°。设望远镜上仰瞄准目标时竖直度盘读数为 L，竖直度盘读数减小，则盘左位置竖直角 α_L 的计算公式为：

$$a_L = 90° - L \tag{3-8}$$

图 3-16(b)为盘右位置望远镜视准轴水平时的情况，竖直度盘读数为270°。设望远镜上仰瞄准目标时读数为 R，竖直度盘读数增大，则盘右位置竖直角 a_R 的计算公式为：

$$a_R = R - 270° \tag{3-9}$$

由于观测中不可避免地存在误差，盘左与盘右观测得到的竖直角往往不完全相等，应取盘左、盘右的平均值作为竖直角的观测结果。即

$$a = \frac{1}{2}(a_L + a_R) \tag{3-10}$$

式(3-8)和式(3-9)是竖直度盘按顺时针方向注记时的竖直角计算公式，若竖直度盘按逆时针方向注记，用类似的方法可推得竖直角的计算公式应为：

$$a_L = L - 90° \tag{3-11}$$

$$a_R = 270° - R \tag{3-12}$$

从以上公式可以归纳出竖直角计算的一般公式。根据竖直度盘读数计算竖直角时，首先应看清望远镜向上抬高时竖直度盘读数是增大还是减小。

望远镜抬高时竖直度盘读数增加，则

$$\alpha = 瞄准目标时竖直度盘读数 - 视线水平时竖直度盘读数 \tag{3-13}$$

望远镜抬高时竖直度盘读数减小，则

$$\alpha = 视线水平时竖直度盘读数 - 瞄准目标时竖直度盘读数 \tag{3-14}$$

以上规定，适合任何竖直度盘注记形式和盘左盘右观测。

3.3.3 竖直度盘指标差的计算

竖直角计算公式的推导是在望远镜视线水平、竖直度盘指标水准管气泡居中或自动补偿器归零时，竖直度盘读数为90°或270°的条件下得出的。但实际上由于种种原因，这个条件往往不能满足，即存在一定的指标偏差。当竖直度盘指标水准管气泡居中或自动补偿器归零时，指标线偏离正确位置的角度值就称为竖直度盘指标差，如图 3-17 中的 x 值。

由于指标差的存在，使观测所得的竖直度盘读数比正确读数增大或减小了一个 x 值。图 3-17(a)所示为盘左位置，由于指标差存在，当指标水准管气泡居中或自动补偿器归零、视线瞄准某一目标时，竖直度盘读数比正确读数大了一个 x 值，则正确的竖直角应为：

$$a = a_L + x = 90° - (L - x) \tag{3-15}$$

同样盘右时正确的竖直角应为：

$$a = a_R - x = (R - x) - 270° \tag{3-16}$$

将两式相加可得：

$$2a = a_L + a_R = R - L - 180° \tag{3-17}$$

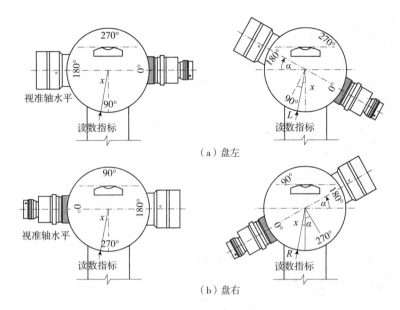

图 3-17 竖直度盘指标差

即

$$a = \frac{1}{2}(a_L + a_R) = \frac{1}{2}(R - L - 180°) \tag{3-18}$$

由此可见，在测量竖直角时，用盘左盘右观测，取平均值作为竖直角的观测结果，可以消除竖直度盘指标差的影响。

将式(3-15)和式(3-16)相减并除以 2 则有：

$$x = \frac{1}{2}(L + R - 360°) \tag{3-19}$$

式(3-19)即为竖直度盘指标差的计算公式。竖直度盘按顺时针注记时，指标偏左时 x 为正，偏右时 x 为负。如果竖直度盘按逆时针方向注记，取指标偏右时 x 为正，偏左时 x 为负，指标差计算公式仍为式(3-19)。

同一架仪器在某一时间段内连续观测，指标差应为一常数，但由于观测误差的存在，使指标差有所变化。因此，指标差的变化反映了观测成果的质量。对于 DJ_6 经纬仪，各测回指标差互差不应超过±25″，如果超限，必须重测。

3.3.4 竖直角观测

竖直角观测时利用横丝瞄准目标的特定位置，例如，觇标的顶部或标尺上的某一位置。竖直角的观测步骤为：

①将仪器安置于测站点，对中、整平，用钢尺测量仪器高(从地面桩顶量到横轴中心的高度)。

②盘左位置瞄准目标。如果仪器竖直度盘指标为自动归零装置，则直接读取盘左读数 L；如果是采用指标水准管，调整指标水准管的微动螺旋使水准气泡居中，读取读数 L。

③盘右照准目标同一位置。读取盘右读数 R。

④根据确定的竖直角计算公式,计算半测回竖直角、指标差和一测回竖直角。竖直观测记录见表3-5。

表3-5 垂直角观测记录手簿

观测日期:××××年×月×日　　　　天　气:晴　　　　仪　器:DJ$_6$-18
测　站:O　　　仪器高:1.59m　　观测者:××　　　　记录者:××

测站	目标	竖盘位置	竖盘读数 (° ′ ″)	半测回垂直角 (° ′ ″)	指标差(°)	一测回垂直角 (° ′ ″)	备注
O	A	盘左	98　24　18	-8　24　18			垂直度盘按顺时针注记
		盘右	261　35　36	-8　24　24	-3	-8　24　21	
	B	盘左	85　32　54	4　27　06			
		盘右	274　27　18	4　27　18	6	4　27　12	

表3-5中仪器度盘注记为顺时针注记,竖直角按式(3-8)和式(3-9)计算。计算过程如下。

目标A:

$$\alpha_L = 90° - 98°24'18'' = -8°24'18'' \tag{3-20}$$

$$\alpha_R = R - 270° = 261°35'36'' - 270° = -8°24'24'' \tag{3-21}$$

指标差:

$$X = \frac{1}{2}(L+R-360°) = \frac{1}{2}(98°24'18'' + 261°35'36'' - 360°) = -3'' \tag{3-22}$$

一测回垂直角:

$$\alpha = \frac{1}{2}(\alpha_L + \alpha_R) = \frac{1}{2}(-8°24'18'' - 8°24'24'') = -8°24'21'' \tag{3-23}$$

目标B的计算方法与目标A相同。

3.4　角度测量误差分析

○ 任务目标

①明确角度测量误差的来源;
②掌握角度测量过程中误差消除或减弱的措施、方法;
③能在角度观测过程中具备提高精度的意识;
④能理解角度测量方法误差的含义。

○ 任务介绍

本任务主要介绍角度测量误差的来源以及消除或减弱角度误差的措施、方法。通过本任务的学习,确保能在角度测量的过程中具备提高精度的意识。

○ 任务实施

3.4.1 仪器误差

(1) 照准部偏心差和度盘分划误差

经纬仪的照准部旋转中心与水平度盘分划中心在理论上要求完全重合，但是由于仪器加工精度的限制，实际上它们有可能不完全重合，存在照准部偏心差。如图3-18所示，C为照准部旋转中心，C_1为度盘分划中心，如果两者重合，照准A、B两目标的正确读数应为读数为a_L、a_R、b_L、b_R；若C与C_1不重合，读数为a'_L、a'_R、b'_L、b'_R，与正确读数分别相差x_a和x_b，x_a和x_b称为偏心读数误差。

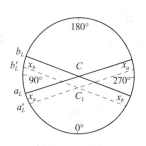

图 3-18 照准部偏心差

在度盘的不同位置上读数，偏心读数误差是不同的。如盘左位置瞄准A和B的正确读数分别为$a_L=a'_L+x_a$，$b_L=b'_L+x_b$，正确的水平角应为：

$$\beta=b_L-a_L=(b'_L+x_b)-(a'_L+x_a)=\beta'+(x_b-x_a) \tag{3-24}$$

式中：x_b-x_a——照准部偏心差对水平角的影响。

从图3-18可以看出：照准部偏心差对度盘对径方向读数的影响大小相等，而符号相反。因此采用对径方向两个读数取平均值的方法，可以消除照准部偏心差对水平角的影响。DJ_2经纬仪采用对径分划符合读数，在一个位置就可以读取度盘对径方向读数的平均值，消除照准部偏心差的影响。DJ_6经纬仪取同一方向盘左、盘右读数的平均值，也相当于同一方向在度盘对径读数，因此也可以消除照准部偏心差的影响。

对于光学经纬仪的度盘分划误差，一般在进行多测回观测时，通过各测回起始方向配置不同的度盘位置，使读数均匀地分布在度盘的不同区间，来减小度盘分划误差的影响。

(2) 视准轴误差

视准轴是望远镜物镜中心与十字丝交点的连线，理论上视准轴应与横轴垂直。但由于十字丝安装不正确或外界温度变化引起十字丝与物镜位置变动等原因，视准轴就会不垂直于横轴而产生视准轴误差。视准轴与横轴不垂直，望远镜绕横轴旋转时所形成的轨迹就不是一个垂直平面，而是一个圆锥面。当望远镜处在不同高度时，它的视线在水平面上的投影方向值不同，从而引起水平方向观测时的测量误差。通过校正十字丝位置，使视准轴与横轴垂直，可以消除或减少视准轴误差。校正后残余误差可通过盘左、盘右观测同一目标，取盘左、盘右观测的平均值作为结果的方法消除。

(3) 横轴误差

横轴在理论上应与竖轴垂直，这样当竖轴铅垂时，横轴就处于水平位置。如果视准轴与横轴已垂直，则横轴不水平会使视准轴绕横轴旋转所形成的轨迹为一斜面，从而在水平方向观测时产生误差。在大多数光学经纬仪中，横轴的一端采用偏心轴装置结构，通过校正偏心轴可以使横轴水平，从而消除或减少横轴误差。由于盘左、盘右观测同一目标时，横轴不水平引起的水平度盘读数误差大小相等、符号相反，所以，取盘左、盘右读数的平均值，可以消除横轴误差对水平方向读数的影响。

(4) 竖轴误差的影响

竖轴误差是由于照准部水准管轴不垂直于竖轴或照准部水准管气泡不严格居中而引起的误差，此时，竖轴偏离垂直方向一个小角度，从而引起横轴倾斜和水平度盘倾斜，产生测角误差。由于在一个测站上竖轴的倾斜角度不变，竖轴的倾斜误差不能通过盘左、盘右观测取平均值的方法消除。减小或消除竖轴倾斜误差的方法是观测前对水准管进行严格的检验校正，观测时应仔细整平，并始终保持照准部水准管气泡居中，气泡偏离中心不可超过一格。

3.4.2 观测误差

(1) 仪器对中误差

在安置仪器时，如果仪器的光学对中器分划圆中心或垂球中心没有对准测站点，将使水平度盘中心与测站点不在同一铅垂线上，引起测角误差。如图 3-19 所示，O 为测站，O' 为仪器中心在地面上的投影，OO' 为偏心距，以 P 表示。O 与两目标 A、B 间的正确水平角为 β，实测水平角为 β'，由于 ε_1 和 ε_2 很小，则对中引起的测角误差 $\Delta\beta$ 为：

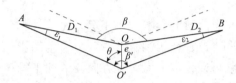

图 3-19　仪器对中误差

$$\varepsilon_1 \approx \frac{e}{D_1}\sin\theta \cdot \rho \tag{3-25}$$

$$\varepsilon_2 \approx \frac{e}{D_2}\sin\theta(\beta'-\theta) \cdot \rho \tag{3-26}$$

$$\Delta\beta = \varepsilon_1 + \varepsilon_2 = e\rho\left[\frac{\sin\theta}{D_1} + \frac{\sin(\beta'-\theta)}{D_2}\right] \tag{3-27}$$

分析上式可知，对中误差对水平角的影响有以下特点：①$\Delta\beta$ 与偏心距 e 呈正比，$e\rho$ 越大，$\Delta\beta$ 越大；②$\Delta\beta$ 与测站点到目标点的距离呈反比，距离越短，测角误差越大；③$\Delta\beta$ 与 β' 及 θ 的大小有关，当 β' 等于 180°，θ 等于 90°时，$\Delta\beta$ 最大。

例如，当 $\beta'=180°$，$\theta=90°$，$e=0.003$m，$D_1=D_2=50$m 时：

$$\Delta\beta = 0.003 \times 206265 \times 1/25 = 24.8'' \tag{3-28}$$

对中误差引起的角度误差不能通过观测方法消除，所以观测水平角时应仔细对中，尤其当观测短边或两目标与仪器接近在一条直线上时，要特别注意仪器的对中，避免引起较大的误差。用垂球对中时，要求对中误差不超过 3mm。

(2) 目标偏心误差

目标偏心误差是由于仪器照准的目标点偏离地面标志中心的铅垂线引起的。瞄准标杆时，如果标杆倾斜，又没有瞄准标杆的底部，就会引起目标偏心误差。如图 3-20 所示，A 为测站点，B 为地面目标点，若 B 点的标杆倾斜了 α 角，B' 为瞄准中心，B'' 为 B' 的投影，

此时偏心距：

$$e = l\sin\alpha \tag{3-29}$$

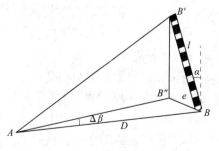

图 3-20　目标偏心误差

目标偏心对观测方向的影响为：

$$\Delta\beta = \frac{e}{D}\rho = \frac{l\sin\alpha}{D}\rho \tag{3-30}$$

由上式可知，目标偏心误差对水平方向的影响与 e 呈正比，与距离呈反比。为了减小目标偏心差，瞄准标杆时，标杆应竖直，并尽可能瞄准标杆的下部。

(3) 照准误差

测角时由人眼通过望远镜照准目标产生的误差称为照准误差。影响照准误差的因素很多，如望远镜的放大倍数、人眼的分辨率、十字丝的粗细、标志的形状和大小，以及目标影像的宽度、颜色等。通常用人眼的最小分辨视角（60″）和望远镜的放大倍率 v 来衡量仪器的照准精度，即

$$m_v = \pm\frac{60''}{v} \tag{3-31}$$

如 $v=28$，则 $m_v = \pm 2.2''$。

在观测水平角时，除适当选择一定放大倍率的经纬仪外，还应尽量选择适宜的标志、有利的观测气候条件和观测时间，以减少照准误差的影响。

(4) 读数误差

读数误差主要取决于仪器的读数设备，与观测者的判断经验、仪器内部光路的照明亮度和清晰度也有关系。DJ_6 经纬仪读数误差一般在 6″以内；DJ_2 经纬仪读数误差一般不超过 1″。

3.4.3 外界条件的影响

角度观测是在一定的外界条件下进行的，外界环境对测角精度有直接影响。如刮风、土质松软会影响仪器的稳定，光线不足、目标阴暗、大气透明度低会影响照准精度，阳光照射会使水准器气泡位置变化等。为了减少这些因素的影响，观测时应踩实三脚架，强阳光下（特别是夏秋季）必须撑伞保护仪器，尽量避免在不良气候条件下进行观测，以把外界条件的影响减少到最低程度。

3.5 项目考核

1. 什么是水平角？在同一铅垂面内瞄准不同高度的点在水平度盘上的读数是否一样？
2. 什么是垂直角？在同一铅垂面内瞄准不同高度的点在竖直度盘上的读数是否一样？
3. 经纬仪的操作步骤有哪些？
4. 试述测回法和全圆方向法的观测步骤。
5. 对中的目的是什么？在哪些情况下要特别注意对中对角度测量的影响？
6. 经纬仪有哪几条轴线？经纬仪应满足哪些几何条件？
7. 用盘左、盘右两个位置观测水平角能消除哪些误差？
8. 在表 3-6 至表 3-8 中整理下列两种观测记录。

第3章 角度测量

表 3-6 测回法观测手簿

测站	垂直度盘位置	目标	度盘读数 (° ′ ″)	半测回角值 (° ′ ″)	一测回角值 (° ′ ″)	备 注
O	左	A	0 03 12			
		B	72 21 18			
	右	A	180 03 18			
		B	252 21 30			

表 3-7 全圆方向法观测手簿(1)

测站	测回	目标	水平度盘读数 盘左 (° ′ ″)	水平度盘读数 盘右 (° ′ ″)	2C″	平均读数 (° ′ ″)	归零方向值 (° ′ ″)	各测回归零方向值的平均值 (° ′ ″)	角值 (° ′ ″)
O	1	A	0 01 00	180 01 12					
		B	62 15 24	242 15 48					
		C	107 38 42	287 39 06					
		D	185 29 06	5 29 12					
		A	0 01 06	180 01 18					

表 3-8 全圆方向法观测手簿(2)

测站	测回	目标	水平度盘读数 盘左 (° ′ ″)	水平度盘读数 盘右 (° ′ ″)	2C″	平均读数 (° ′ ″)	归零方向值 (° ′ ″)	各测回归零方向值的平均值 (° ′ ″)	角 值 (° ′ ″)
O	1	A	90 01 36	270 01 42					
		B	152 15 54	332 16 06					
		C	197 39 24	17 39 30					
		D	275 29 42	95 29 48					
		A	90 01 36	270 01 48					

9. 有一台经纬仪,当望远镜置于水平位置时,垂直度盘读数为90°;当望远镜往上观测时,垂直度盘读数减小。根据表3-9所列记录,计算垂直角和指标差。

表 3-9 垂直角观测记录手簿

测站	目标	垂直度盘位置	垂直度盘读数 (° ′ ″)	半测回垂直角 (° ′ ″)	指标差 (″)	一测回垂直角 (° ′ ″)
O	A	盘左	95 12 36			
		盘右	264 47 42			
	B	盘左	82 53 24			
		盘右	277 07 00			

第4章 距离测量与直线定向

距离测量是测量的三项基本工作之一。测量学中所测定的距离是指地面上两点之间的水平距离,所谓水平距离是指地面上两点垂直投影到水平面上的直线距离。测量两点连线的方向,即直线定向。本章项目包括直线定向、距离测量两个工作任务。

4.1 直线定向

○ 任务目标

①了解标准方向线的种类和三北方向线之间的偏角;
②掌握方位角、坐标方位角和象限角的概念及相互间的换算关系;
③掌握正反坐标方位角的关系;
④理解方位角、坐标方位角和象限角的概念;
⑤能进行坐标方位角的推算。

○ 任务介绍

本任务主要介绍直线定向的相关知识。确保能够理解方位角、坐标方位角和象限角的概念,并能够进行坐标方位角的推算。

○ 任务实施

4.1.1 标准方向线

标准方向线的示意如图4-1所示。

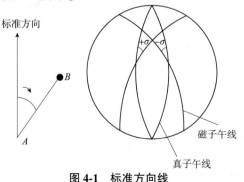

图 4-1 标准方向线

(1) 真子午线方向——用于天文观测

通过地球表面某点的真子午线的切线的方向（即通过地面上一点指向地球两极的方向线），称为该点的真子午线方向，指北为正。真子午线方向可用天文测量方法或用陀螺经纬仪测定（图4-2）。

(2) 磁子午线方向——罗盘仪

磁子午线方向是磁针在地球磁场的作用下，磁针自由静止时其轴线所指的方向。它指向地球的南北两磁极，称为磁子午线。P—北极，P′—磁北极，指磁北为正。磁针静止时所指的方向线，磁子午线方向可用罗盘仪测定（图4-3）。

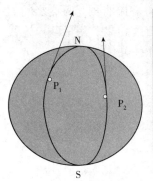

图4-2　陀螺经纬仪　　　　　　　　　　　　　图4-3　森林罗盘仪

(3) 坐标纵轴方向

我国采用高斯平面直角坐标系，6°带或3°带都以该带的中央子午线为坐标纵轴，因此取坐标纵轴方向作为标准方向。高斯平面直角坐标系指北为正（图4-4、图4-5）。

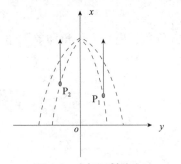
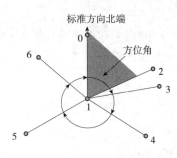
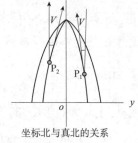

图4-4　坐标正轴方向　　　　　　　图4-5　标准方向

4.1.2　三北方向线之间的偏角

(1) 磁偏角

磁子午线与真子午线之间的夹角 δ，偏于真子午线以东为"+"，以西则为"-"。

(2) 磁坐偏角

磁子午线与坐标纵轴的夹角。磁子午线位于坐标纵轴以东为"+"，以西则为"-"。

(3) 子午线收敛角

坐标纵线与真子午线之间的夹角。真子午线是以东为"+"，以西为"-"。

4.1.3 方位角、坐标方向角、象限角

(1)方位角定义

从直线起点的标准方向北端起,顺时针方向量至直线的水平夹角,称为该直线的方位角;标准方向北端其角值范围为 0°~360°。

(2)方位角的分类

实际应用中常用以下 3 种角度来表示直线的方向(表 4-1)。

表 4-1 方位角

标准方向	方位角名称	测定方法
真北方向(真子午线方向)	真方位角 A	天文或陀螺仪测定
磁北方向(磁子午线方向)	磁方位角 Am	罗盘仪测定
坐标纵轴(轴子午线方向)	坐标方位角 α	测量计算得到

①真方位角 A:从直线一端的子午线北端开始顺时针至该直线的水平角,称为真方位角。角度从 0°~360°,如图 4-6 所示。在同一直线的两端点测量,其方位角不同。

②磁方位角 A_m:从直线一段的磁子午线北端开始顺时针至该直线的水平角,称为真方位角,角度从 0°~360°,如图 4-6 所示。在同一直线的两端点测量,其方位角不同。

③坐标方位角 α(0°~360°):由纵坐标轴的北端按顺时针方向量到一直线的水平角称为坐标方位角,一条直线的正反相差 180°。

④象限角 R:从子午线的一端(N 或 S)测量到直线的锐角。角度从 0°~90°。

直线	R 与 α 的关系
O1	$\alpha_{01} = R_{01}$
O2	$\alpha_{02} = 180° - R_{02}$
O3	$\alpha_{03} = 180° + R_{03}$
O4	$\alpha_{04} = 360° - R_{04}$

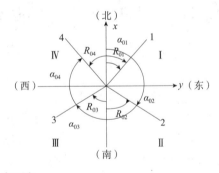

图 4-6 象限角

4.1.4 方位角与象限角的换算关系

方位角与象限角的换算见表 4-2。

表 4-2 方位角与象限角的换算

直线方向	已知象限角求方位角	已知方位角求象限角
北东 Ⅰ	$A = R$	$R = A$
南东 Ⅱ	$A = 180° - R$	$R = 180° - A$
南西 Ⅲ	$A = 180° + R$	$R = A - 180°$
北西 Ⅳ	$A = 360° - R$	$R = 360° - A$

4.1.5 几种方位角之间的关系

磁偏角 δ 是指真北方向与磁北方向之间的夹角(图 4-7);子午线收敛角 γ 是指真北方向与坐标北方向之间的夹角。二者的关系为:

$$A = \alpha + \gamma \tag{4-1}$$
$$A = A_m + \delta \tag{4-2}$$
$$\alpha = A_m + \delta - \gamma \tag{4-3}$$

当磁北方向或坐标北方向偏于真北方向东侧时,δ 和 γ 为正;偏于西侧时,δ 和 γ 为负。

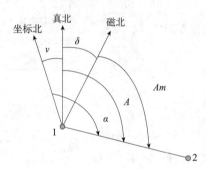

图 4-7 三个方位角的关系

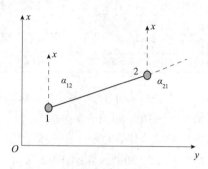

图 4-8 正反坐标方位角

4.1.6 正、反坐标方位角

直线12:点1是起点,点2是终点。α_{12} 为正坐标方位角,α_{21} 为反坐标方位角(图 4-8)。

$$\alpha_{反} = \alpha_{正} + 180° \tag{4-4}$$

直线21:点2是起点,点1是终点。α_{21} 为正坐标方位角,α_{12} 为反坐标方位角。

$$\alpha_{反} = \alpha_{正} - 180° \tag{4-5}$$

所以一条直线的正、反坐标方位角互差180°。

$$\alpha_{反} = \alpha_{正} \pm 180° \tag{4-6}$$

【例 4-1】已知 $\alpha_{DC} = 258°20'24''$,$\alpha_{KJ} = 326°12'30''$,求 α_{DC}、α_{KJ}。

解:$\alpha_{DC} = 258°20'24''$ $\alpha_{KJ} = 146°12'30''$

4.1.7 坐标方位角的推算

推算坐标方位角的通用公式:

$$\alpha_{前} = \alpha_{后} \pm 180°{{+\beta_{左}}\atop{-\beta_{右}}} \tag{4-7}$$

当 β 角为左角时,取"+";若为右角时,取"-"。

注意:计算中,若推算的 α 前>360°,减 360°;若推算的 α 前<0°,加 360°。

【例 4-2】如图 4-9 所示,α_{12} 已知,通过测量水平角,求得 12 边与 23 边的转折角为 β_2(右角);求得 23 边与 34 边的转折角为 β_3(左角),现推算 α_{23}、α_{34}(图 4-10)。

解:由图 4-9 分析可知:

$$\alpha_{23} = \alpha_{21} - \beta = \alpha_{12} + 180° - \beta_2 \tag{4-8}$$

$$\alpha_{34} = \alpha_{32} + \beta_3 - 360° = \alpha_{23} - 180° + \beta_3 \qquad (4-9)$$

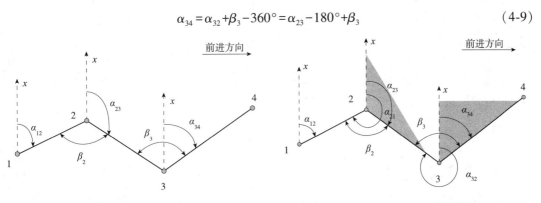

图 4-9 坐标方位角的推算(1)　　　　图 4-10 坐标方位角的推算(2)

【例 4-3】 已知 $\alpha_{12} = 46°$，β_2、β_3 及 β_4 的角值均注于图上（图 4-11），试求其余各边坐标方位角。

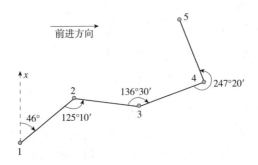

图 4-11 坐标方位角的计算

解：

$$\alpha_{23} = \alpha_{12} + 180° - \beta_2 = 46° + 180° - 125°10' = 100°50'$$
$$\alpha_{34} = \alpha_{23} - 180° + \beta_3 = 100°50' - 180° + 136°30' = 57°20'$$
$$\alpha_{45} = \alpha_{34} + 180° - \beta_4 = 57°20' + 180° - 247°20' = -10° < 0 = 350°(-10° + 360°)$$

坐标方位角的范围是 $0° \sim 360°$，所以 α_{45} 应为 $-10° + 360° = 350°$。

4.2　距离测量

○ 任务目标

①掌握直线定线方法；
②掌握钢尺量距方法及精度；
③理解视距测量的原理；
④掌握视距测量施测方法及计算；
⑤能够使用标杆进行直线定线；
⑥能使用钢尺进行直线距离丈量；

⑦能够使用水准仪、经纬仪进行视距测量。

○ 任务介绍

本任务主要介绍钢尺量距方法、视距测量原理及方法。确保能够使用钢尺量距方法、视距测量方法量距。

○ 任务实施

4.2.1 钢尺量距

钢尺量距是利用具有标准长度的钢尺直接量测地面两点的距离，又称为距离丈量。钢尺量距时，根据不同的精确要求，所用的工具和方法也不同。普通钢尺是钢制带尺，尺宽10~15mm，长度有20mm、30mm、50mm等多种。为了便于携带和保护，将钢尺卷放在圆形皮盒内或金属尺架上。有三种分划的钢尺：第一种钢尺基本分划为厘米；第二种基本分划虽为厘米，但在尺端10cm内为毫米分划；第三种基本分划为毫米。钢尺的零分划位置有两种：一种是在尺前端有一条刻划线作为尺长的零分划线称为刻线尺；另一种是零点位于尺端，即拉环外沿，这种尺称为端点尺。钢尺上在分米和米处都刻有注记，便于量距时读数。

一般钢尺量距最精度可达到1/10000。由于其在短距离量距中使用方便，常在工程中使用。量距的工具还有皮尺，用麻皮制成，基本分划为厘米，零点在尺端。皮尺精度低。

钢尺量距中辅助工具还有测杆、花杆、垂球、弹簧秤和温度计。测杆是用直径5mm左右的粗铁丝磨尖制成，长约30cm，用来标志所量尺段的起始点。花杆长3m杆上涂以20mm间隔的红、白漆，用于标定直线。弹簧秤和温度计用于控制拉力和测定温度。

4.2.1.1 钢尺量距的工具

钢尺量距的工具为钢尺。辅助工具有标杆、测钎、垂球等。

(1) 钢尺

钢尺也称钢卷尺，有架装和盒装两种，如图4-12所示。尺宽约1~1.5mm，长度有20m、30m及50m等多种。钢尺的刻划方式有多种，目前使用较多的为全尺刻有毫米分划，在厘米、分米、米处有数字注记。

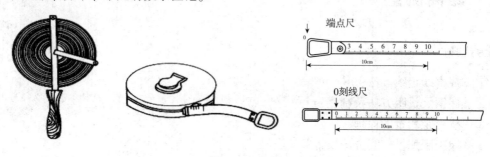

图 4-12 钢尺

钢尺抗拉强度高，不易拉伸，在工程测量中常用钢尺量距。钢尺性脆，容易折断和生锈，使用时要避免扭折、受潮湿和车轧。由于尺的零点位置不同，有端点尺和刻线尺的区别，端点尺以尺的最外端为尺的零点，从建筑物墙边量距比较方便，刻线尺以尺前端的第一个刻线为尺的零点，使用时注意区别。

(2) 标杆

标杆由木料或合金材料制成，直径约 3cm、全长有 2m、2.5m 及 3m 等多种。杆上油漆成红、白相间的 20cm 色段，标杆下端装有尖头铁脚（图 4-13），以便插入地面，作为照准标志。合金材料制成的标杆重量轻且可以收缩，携带方便。

(3) 测钎

测钎用钢筋制成，上部弯成小圈，下部尖形。直径 3~6mm，长度 30~40cm。钎上可用油漆涂成红、白相间的色段，如图 4-14 所示。量距时，将测钎插入地面，用以标定尺段端点的位置，也可作为照准标志。

(4) 垂球

如图 4-15 所示，在量距时用于投点。

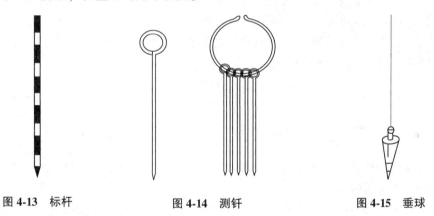

图 4-13　标杆　　　　　图 4-14　测钎　　　　　图 4-15　垂球

4.2.1.2　钢尺量距的一般方法

在用钢尺进行距离测量时，若地面上两点间的距离超过一整尺段，或地势起伏较大，此时要在直线方向上设立若干中间点，将全长分成几个等于或小于尺长的分段，以便分段丈量，这项工作称为直线定线。在一般距离测量中常用拉线定线法，而在精密距离测量中则采用经纬仪定线法。

(1) 拉线定线

定线时，先在 A、B 两点间拉一细绳，沿着线绳定出各中间点。

(2) 经纬仪定线

当量距精度要求较高时，应采用经纬仪定线法。如图 4-16 所示，欲在 A、B 两点间精确定出 1，2，…，n 点的位置，可将经纬仪安置于 B 点，用望远镜瞄准 A 点，固定照准部制动螺旋，然后将望远镜向下俯视，将十字丝交点投到木桩上，并钉小钉确定出 1 点的位置。同法可定出其余各点的位置。

钢尺量距一般采用整尺法量距，在精密量距时用串尺法量距。根据不同地形可采用水

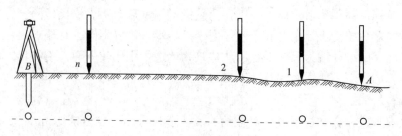

图 4-16　经纬仪定线法

平量距法和倾斜量距法。

①整尺量距：在平坦地区，量距精度要求不高时，可采用整尺法量距，直接将钢尺沿地面丈量，不加温度改正和不用弹簧秤施加拉力。量距前，先在待测距离的两个端点 A、B 用木桩(桩上钉一小钉)标志，或直接在路面钉铁钉标志。后尺手持钢尺零端对准地面标志点，前尺手拿一组杆持钢尺末端。常量时前、后尺手按定线方向沿地面拉紧钢尺，前尺手在尺末端分划处垂直插下一个测杆，这样就量定一个尺段。然后前、后尺手同时将钢尺抬起前进。后尺手走到第一根测杆处，用零点对准测杆，前尺手拉紧钢尺在整尺端处插下第二根测杆。依次继续丈量。每量完一尺段，后测手要注意收回测杆，最后一尺段不足一整尺时，前测手在 B 点标志处读取尺上刻划值，后测手中测杆数为整尺段数。不到一个整尺段距离为余长 ΔL，则水平距离 D 可按下式计算：

$$D = nL + \Delta L \tag{4-10}$$

式中：n——尺段数；

L——钢尺长度；

ΔL——不足一整尺的余长。

为了提高量距精度，一般采用往、返丈量。返测时是从 $B \rightarrow A$，要重新定线。取往、返距离平均值为丈量结果。

②水平量距：当地面起伏不大时，可将钢尺拉平，用垂球尖尺端投于地面进行丈量，称为水平量距法。要注意后测手将零端点对准地面点，前测手目估，使刚尺水平，并拉紧刚尺在吹球尖处插上尺杆。如此测量直到 B 点。

③倾斜量距：当倾斜地面的坡度均匀时，可以将钢尺贴在地面上量斜距 L。用水准测量方法测出高差 h，再将量得的斜距换算成平距，称为倾斜量距法。

为了提高测量精度，防止丈量错误，通常采用往、返测量，取平均值为丈量结果。用相对误差 K 衡量测量精度。即

$$K = \frac{|D_{往} - D_{返}|}{\frac{1}{2}(D_{往} + D_{返})} = \frac{1}{\frac{\overline{D}}{\Delta \overline{D}}} = \frac{1}{M} \tag{4-11}$$

两点间的水平距离：

$$\overline{D} = \frac{1}{2}(D_{往} + D_{返}) \tag{4-12}$$

式中：$D_{往}$，$D_{返}$——往返测程。

平坦地区钢尺量距的相对误差不应大于 1/3000，在困难地区相对误差不应大于 1/1000。

4.2.1.3 钢尺的检定

(1) 尺长方程式

钢尺上注记的长度称为钢尺的名义长度，如注记的 30m、50m 等。因材料、制造工艺或长时期使用的影响，钢尺的实际长度往往不等于名义长度，这样就需要进行检定。钢尺的实际长度主要受三个因素的影响：尺长本身误差，拉力的大小，温度的变化。三个因素中，拉力的大小比较容易控制，只要在使用时施加规定的拉力，拉力影响就可以忽略不计。尺长本身误差和温度的变化为影响钢尺长度的主要因素。它们之间的关系可用一函数表示，称为尺长方程式。其一般形式为：

$$l_t = l_0 + \Delta l + a \cdot l_0 (t - t_0) \tag{4-13}$$

式中：l_t——在温度 t 时的实际长度；

l_0——钢尺名义长度；

Δl——温度 t 时尺长改正数，等于实际长度与名义长度之差；

a——钢尺的膨胀系数，是指温度变化 1℃单位长度的变化量；

t——钢尺使用时的温度；

t_0——钢尺检定时的温度。

较精确的钢尺出厂时必须经过检定，注明钢尺检定时的温度、拉力和尺长方程式。但钢尺经过一段时间的使用后，尺长方程式中的 ΔL 会发生变化，所以尺子使用一个时期后必须重新检定，以求得新的尺长方程式，钢尺检定也称为比。

(2) 钢尺的检定方法

①用已知的尺长方程式的钢尺进行检定：以检定过的已有尺长方程式的钢尺作标准尺，将标准尺与被检定钢尺并排放在平坦地面上，每根钢尺都施以标准拉力，并将两把尺子的末端刻划对齐，在零分划附近读出两尺的差值。这样就能根据标准尺的尺长方程式计算出被检定钢尺的尺长方程式。两根钢尺的膨胀系数认为是相同的。

②利用比长台进行检定：比长台是在平坦的地面上按一定时间距埋设固定的标志，作为基准线。用高精度的标准尺精确测量其间的长度当作真长。检定钢尺时，用待检定的钢尺，多次精确测量次长台两标志间的长度，将次结果平均值与比台真长进行比较，求出检定的钢尺的尺长改正数 ΔL，进行求出该尺长方程式。

【例 4-4】某单位的 50m 钢尺，尺长台的实际长度 $L=49.7986$m，用名义长度为 50m 的钢尺多次丈量比长台的长度，某平均值 $L'=49.8102$m，检定时平均为 +14℃，拉力为 150N，求被检定钢尺的尺长方程式。

解：钢尺在 14℃时的尺长改正数为：

$$L = \frac{(L-L')}{L'} \cdot L_0 = \left(\frac{49.7986-49.8102}{49.8102}\right) \times 50\text{m} = -0.0116\text{m}$$

钢尺在 14℃时的尺长方程式为：

$$L_t = 50\text{m} - 0.0116\text{m} + 1.2 \times 10^{-5}(t-14℃) \times 50\text{m}$$

钢尺在 20℃时的尺长改正数为：

$$L_{20℃} = 50m - 0.0116m + 1.2 \times 10^{-5}(20℃ - 14℃) \times 50m - 50m = -0.0080m$$

被检定钢尺在 20℃时的尺长方程式为：

$$L_t = 50m - 0.0080 + 1.25 \times 10^{-5}(t - 20℃) \times 50m$$

【例 4-5】钢尺的名义长度为 30m，标准拉力下，在某检定场进行检定。已知两固定标尺间的实际长度为 180.0552m，丈量结果为 180.0214m，检定时的温度为 12℃，求该钢尺在 20℃时的尺长方程式。

解：钢尺在 12℃时的尺长改正数为：

$$L = (L - L')/L' \times L_0 = \frac{(180.0552 - 180.0214)}{180.0214} \times 30m = 0.0056m$$

钢尺在 12℃时的尺长方程式和尺长改正数为：

$$L_t = 30m + 0.0056m + 1.25 \times 10^{-5}(20℃ - 12℃) \times 30m - 30m = 0.0085m$$

钢尺在 20℃时的尺长方程式为：

$$L_t = 30m + 0.0085 + 1.25 \times 10^{-5}(t - 20℃) \times 30m$$

4.2.1.4　距离丈量的注意事项

①钢尺用前要将零点位置、刻划和注记弄清；

②不能被辗压；

③定线要直，钢尺要平，拉力要均匀，测钎应保持铅直状态；

④钢尺应保持顺直，不能扭转；

⑤不能在地面上拖着走，并且注意保护设备。

4.2.2　视距测量

视距测量是利用望远镜内的视距装置配合视长，根据光学和三角学原理，同时测定距离和高差的方法。视距丝是望远镜十字丝划板上刻制的上、下对称的两条短线；普通视距测量的精度为 1/300～1/200；精密视距测量的精度可达 1/2000。视距测量不受地形起伏限制，常用于较低级的平面控制，高程控制和碎部测量。

(1) 视线水平时的视距与高差

①水平距离：

$$D = k \cdot n + C \quad (4\text{-}14)$$

式(4-14)中，k 在一般的设计中为 100，而常数 C 值一般为 25cm 左右，但对于内调焦的望远镜 C 为 0，n 为上下丝的尺间隔值（视距间隔）。

$$D = 100 \cdot n \quad (4\text{-}15)$$

②高差：如图 4-17 所示，A、B 两点的高差。

(2) 视线倾斜时的视距与高差

当视线倾斜时两点的水平距离与高差如图 4-18 所示。

(3) 视距测量的方法

①将经纬仪安在测线一端 A，进行对中、整平；

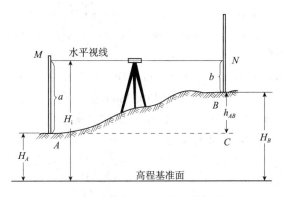

图 4-17　视线水平时的两点高差

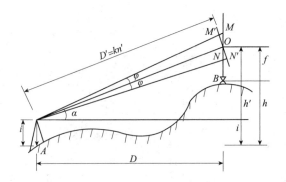

图 4-18　视线倾斜时的视距测量

②量取仪器高 i，单位为 cm；

③将视距尺立于测线另一端 B，使十字丝中丝对准某一整数，分别读出上、下、中丝的读数，并得出尺间隔数；

④中丝不变的情况下读出竖盘读数，并换算为竖直角；

⑤由公式计算出水平距离 D 和高差 h，并由已知高程推算出未知高程。

4.3　项目考核

1. 距离测量的方法主要有哪几种？
2. 用钢尺丈量倾斜地面的距离有哪些方法？各适用于什么情况？
3. 何谓直线定线？目估定线通常是如何进行的？
4. 用目估定线，在距离 30m 处标杆中心偏离直线 0.40m，由此产生的量距误差为多少？
5. 用钢尺往、返丈量了一段距离，其平均值为 184.26m，要求量距的相对误差为 1/5000，则往、返丈量距离之差不能超过多少？
6. 用钢尺丈量了 AB、CD 两段距离，AB 的往测值为 206.32m，返测值为 206.17m；CD 的往测值为 102.83m，返测值为 102.74m。试问这两段距离丈量的精度是否相同？为什么？

7. 怎样衡量距离丈量的精度？设丈量了 AB，CD 两段距离：AB 的往测长度为 246.68m，返测长度为 246.61m；CD 的往测长度为 435.888m，返测长度为 435.98m。试问哪一段的量距精度较高？

8. 某钢尺的尺长方程式为 $l_t = 30.0000 + 0.0070 + 1.25 \times 10^{-5} \times 30(t-20℃)$ m。用此钢尺在 10℃ 条件下丈量一段坡度均匀，长度为 170.380m 的距离。丈量时的拉力与钢尺检定拉力相同，并测得该段距离两端点高差为 -1.8m，试求其水平距离。

9. 为什么要进行直线定向？怎样确定直线的方向？

10. 何谓直线定向？在直线定向中有哪些标准方向线？它们之间存在什么关系？

第5章 测量误差基本知识

在测绘实践中,对一个量进行多次观测,尽管观测者按照一定的方法去操作,采用较高精度的仪器,同时也认真地工作,可所得各观测值之间总是存在差异。同一观测值之间,以及观测值与其理论值之间的差异,称为测量误差(也称观测误差)。本章项目包括测量误差概述、评定观测值精度、误差传播定律及其应用、权的概念四个工作任务。

5.1 测量误差概述

○ 任务目标

①掌握测量误差的产生原因与分类;
②掌握多余观测的概念及偶然误差的特性;
③能够初步认知误差和精度的重要性;
④能够理解偶然误差的意义。

○ 任务介绍

本任务主要介绍测量误差产生的原因与分类、多余观测的概念、偶然误差的特性。确保能够了解误差和精度的重要性,明确偶然误差的意义。

○ 任务实施

5.1.1 测量误差产生的原因

测量工作的实践表明,对于某一客观存在的量,如地面某两点之间的距离或高差、某三点之间构成的水平角等,尽管采用了合格的测量仪器和合理的观测方法,测量人员的工作态度也是认真负责的,但是多次重复测量的结果总是有差异,这说明测量中存在测量误差,或者说,测量误差是不可避免的。产生测量误差的原因概括起来包括以下三方面。

(1)仪器的原因

测量工作是需要使用经纬仪、水准仪等测量仪器,而测量仪器的构造不可能十分完善,从而使测量结果受到一定影响。例如,经纬仪的视准轴与横轴不垂直、度盘刻划误差都会使所测角度产生误差;当水准仪的视准轴不平行于水准管轴时,残余误差会对高差产生影响。

(2) 观测者的原因

由于观测者感觉器官的鉴别能力存在局限性，所以在对仪器的各项操作中(如经纬仪对中、整平、瞄准、读数等方面)会产生误差。此外，观测者的技术熟练程度也会对观测结果产生不同程度的影响。

(3) 外界环境的影响

测量时所处的外界环境(包括温度、风力、日光、大气折光等)时刻在变化，使测量结果产生误差。例如，温度变化会使钢尺产生伸缩，风吹和日光照射会使仪器的安置不稳定，大气折光使瞄准产生偏差等。

人、仪器和外界环境是测量工作的观测条件，由于受到这些条件的影响，测量中的误差是不可避免的。观测条件相同的各次观测称为等精度观测；观测条件不相同的各次观测称为不等精度观测。

5.1.2 测量误差的分类

测量误差按其对观测结果影响性质的不同，可以分为系统误差与偶然误差。

(1) 系统误差

在相同观测条件下对某一量进行一系列的观测，若误差的出现在符号和数值上均相同，或按一定的规律变化，这种误差称为系统误差。例如，用名义长度为30.000m，而实际正确长度为30.006m的钢卷尺量距，每量一尺段就有0.006m的误差，其量距误差的影响符号不变，且与所量距离的长度呈正比，因此系统误差具有积累性，对测量结果的影响较大。另外，系统误差对观测值的影响具有一定的规律性，因此系统误差对观测值的影响可用计算公式加以改正，或用一定的测量措施加以消除或削弱。

(2) 偶然误差

在相同的观测条件下对某一量进行一系列的观测，若误差出现的符号和数值大小均不一致，表面上没有规律，这种误差称为偶然误差。偶然误差是由人力所不能控制的因素(如人眼的分辨能力、气象因素等)共同引起的测量误差，其数值的正负、大小纯属偶然。例如，在厘米分划的水准尺上估读毫米数时，有时估读过大，有时过小；大气折光使望远镜中成像不稳定，引起目标瞄准有时偏左，有时偏右。多次观测取其平均，可以抵消掉一些偶然误差，因此偶然误差具有抵偿性，对测量结果影响不大。偶然误差是不可避免的，且无法消除，但应加以限制。在相同的观测条件下观测某一量，所出现的大量偶然误差具有统计的规律，或称之为具有概率论的规律，关于这方面的内容将在下一节讨论。

(3) 错误

歪曲测量成果或计算出的结果与实际不符，都是错误。产生错误的原因多半是观测者不正确操作，或粗心大意，或过分疲劳等使测出的成果产生错误。例如，在水准测量时，由于粗心，误把上丝或下丝当成中丝去读数，测出的高差将是错误的；记录时听错、笔误等都是错误。错误不能算作误差，会给工作带来难以估量的损失。测量工作中，错误是不允许的，含有错误的观测值应该舍弃，并重新进行观测。为了发现和消除错误，除采取必要地检核外，测量工作者应有严肃、认真的工作态度。

5.1.3 多余观测

为了防止错误的发生、提高观测成果的质量,在测量工作中一般要进行多于必要的观测,称为多余观测。例如,一段距离采用往返丈量,如果往测属于必要观测,则返测就属于多余观测;又如,对一个水平角观测了3个测回,如果第一个测回属于必要观测,则其余2个测回就属于多余观测。有了多余观测可以发现观测值中的错误,以便将其剔除或重测。由于观测值中的偶然误差不可避免,有了多余观测,观测值之间必然产生差值(不符值、闭合差),因此我们可根据差值的大小来评定测量的精度(精确程度),如果差值大到一定的程度,就认为观测值中有错误(不属于偶然误差),称为误差超限。如果差值不超限,则按偶然误差的规律加以处理,称为闭合差的调整,以求得最可靠的数值。

5.1.4 偶然误差的特性

设某一量的真值为 x,对此量进行 n 次观测,得到的观测值为 $l_1, l_2, \cdots, l_n$,在每次观测中发生的偶然误差(又称真误差)为 $\Delta 1, \Delta 2, \cdots, \Delta n$,则定义:

$$\Delta i = X - l_i \qquad i = 1, 2, \cdots, n \tag{5-1}$$

测量误差理论主要讨论在具有偶然误差的一系列观测值中,如何求得最可靠的结果和评定观测成果的精度,为此需要对偶然误差的性质做进一步的讨论。从某个偶然误差来看,其符号的正负和数值的大小没有任何规律性。但是如果观测的次数很多,观察其大量的偶然误差,就能发现隐藏在偶然性下面的必然性规律。进行统计的数量越大,规律性也越明显。下面结合某观测实例,用统计方法进行分析。

【例5-1】某一测区,在相同的观测条件下共观测了365个三角形的全部内角。由于每个三角形内角之和的真值(180°)已知,因此可以按式(5-1)计算三角形内角之和的偶然误差 Δi(三角形闭合差),再将正误差、负误差分开,并按其绝对值由小到大进行排列。以误差区间 $d\Delta = 2''$ 进行误差个数 k 的统计,同时计算其相对个数 k/n ($k = 365$),k/n 称为误差出现的频率。结果见表5-1。

表 5-1 偶然误差的统计

误差区间 dΔ	负误差		正误差	
	k	k/n	k	k/n
0″~2″	47	0.129	46	0.126
2″~4″	42	0.115	41	0.112
4″~6″	32	0.088	34	0.093
6″~8″	22	0.060	22	0.060
8″~10″	16	0.044	18	0.050
10″~12″	12	0.033	14	0.039
12″~14″	6	0.016	7	0.019
14″~16″	3	0.008	3	0.008

(续)

误差区间 dΔ	负误差		正误差	
	k	k/n	k	k/n
16″以上	0	0	0	0
Σ	180	0.493	185	0.507

按表 5-1 的数据作图可以直观地看出偶然误差的分布情况(图 5-1)。图中以横坐标表示误差的正负与大小,以纵坐标表示误差出现于各区间的频率(相对个数)除以区间的间隔 dΔ,每一区间按纵坐标作成矩形小条,则小条的面积代表误差出现在该区间的频率,而各小条的面积总和等于 1,该图称为频率直方图。从表 5-1 的统计中可以归纳出偶然误差的四个特性:

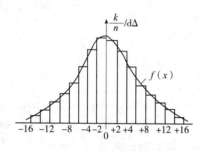

图 5-1 频率直方图

①在一定观测条件下的有限次观测中,绝对值超过一定限值的误差出现的频率为零;
②绝对值较小的误差出现的频率大,绝对值较大的误差出现的频率小;
③绝对值相等的正、负误差出现的频率大致相等;
④当观测次数无限增大时,偶然误差的算术平均值趋近于零,即偶然误差具有抵偿性。

用公式表示:

$$\lim_{n \to \infty} \frac{[\Delta]}{n} = 0 \tag{5-2}$$

式中:[ ]——取括号中数值的代数和,即 $[\Delta] = \Delta_1 + \Delta_2 + \cdots + \Delta_n$;
n——Δ 的个数。

以上根据 365 个三角形角度闭合差作出的误差出现频率直方图的基本图形(中间高、两边低并向横轴逐渐逼近的对称图形),并不是一种特例而是统计偶然误差出现的普通规律,并且可以用数学公式来表示。

当误差的个数 $n \to \infty$,同时又无限缩小误差的区间 dΔ,则图 5-1 中各小长条的顶边的折线就逐渐成为一条光滑的曲线。该曲线在概率论中称为正态分布曲线,它完整地表示了偶然误差出现的概率 P(当 $n \to \infty$ 时,上述误差区间内误差出现的频率趋于稳定,称为概率)。

正态分布的数学方程式为:

$$y = f(\Delta) = \frac{1}{\sqrt{2\pi}\sigma} e^{-\frac{\Delta^2}{2\sigma^2}} \tag{5-3}$$

式中:π = 3.1416——圆周率;
e = 2.7183——自然对数的底;
σ——标准差;标准差的平方 σ^2 称为方差,方差为偶然误差平方的理论平均值。

$$\sigma^2 = \lim_{n \to \infty} \frac{\Delta_1^2 + \Delta_2^2 + \cdots + \Delta_n^2}{n} = \lim_{n \to \infty} \frac{[\Delta\Delta]}{n} \tag{5-4}$$

标准差为：

$$\sigma = \pm \lim_{n \to \infty} \sqrt{\frac{[\Delta\Delta]}{n}} \tag{5-5}$$

由式(5-5)可知，标准差的大小决定于在一定条件下偶然误差出现的绝对值的大小。由于在计算时取各个偶然误差的平方和，当出现有较大绝对值的偶然误差时，在标准差 σ 中会得到明显的反映。式(5-3)称为正态分布的密度函数，以偶然误差 Δ 为自变量，标准差 σ 为密度函数的唯一参数。

5.2 评定观测值精度

○ 任务目标

①掌握中误差、相对误差、极限误差的定义；
②掌握观测值精度评定方法、流程；
③能够理解并计算中误差、相对误差、极限误差；
④能够对观测值精度进行评定。

○ 任务介绍

本任务主要介绍评定精度的几种标准、观测值精度评定的方法与流程。确保对精度评定标准有深刻的认识，并能够实现观测值精度评定。

○ 任务实施

5.2.1 评定精度的标准

(1) 中误差

在一定观测条件下观测结果的精度，取标准差 σ 是比较合适的。但是在实际测量工作中，不可能对某一量作无穷多次观测，因此定义按有限次观测的偶然误差(真误差)求得的标准差为中误差 m，即

$$m = \pm \sqrt{\frac{\Delta_1^2 + \Delta_2^2 + \cdots + \Delta_n^2}{n}} = \pm \sqrt{\frac{[\Delta\Delta]}{n}} \tag{5-6}$$

实际上，中误差 m 是标准差 σ 的估值。

【例 5-2】对三角形的内角进行两组观测(各测 10 次)，根据两组观测值中的偶然误差(真误差)，分别计算其中误差列于表 5-2。

从表 5-2 中可见，第二组观测值的中误差大于第一组观测值的中误差，虽然这两组观测值的真误差之和[Δ]是相等的，但是在第二组观测值中出现了较大的误差(-8″, +9″)，因此相对来说其精度较低。

表 5-2 按观测值的真误差计算中误差

序号	第一组观测			第二组观测		
	观测值 l_i	真误差 Δ_i	Δ_i^2	观测值 l_i	真误差 Δ_i	Δ_i^2
1	179°59′59″	+1″	1	180°00′08″	−8″	64
2	179°59′58″	+2″	4	179°59′54″	+6″	36
3	180°00′02″	−2″	4	180°00′03″	−3″	9
4	179°59′57″	+3″	9	180°00′00″	0″	0
5	180°00′03″	−3″	9	179°59′53″	+7″	49
6	180°00′00″	0″	0	179°59′51″	+9″	81
7	179°59′56″	+4″	16	180°00′08″	−8″	64
8	180°00′03″	−3″	9	180°00′07″	−7″	49
9	179°59′58″	+2″	4	179°59′54″	+6″	36
10	180°00′02″	−2″	4	180°00′04″	−4″	16
Σ		−2″	60		−2″	404
中误差	$[\Delta\Delta]=60$, $n=10$			$[\Delta\Delta]=404$, $n=10$		
	$m_1 = \pm\sqrt{\dfrac{[\Delta\Delta]}{n}} = \pm 2.5''$			$m_2 = \pm\sqrt{\dfrac{[\Delta\Delta]}{n}} = \pm 6.4''$		

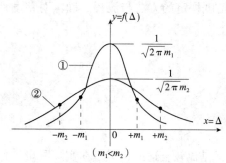

图 5-2 不同中误差的正态分布曲线

在一组观测值中,当中误差 m 确定以后,就可以画出它所对应的误差正态分布曲线。根据式(5-3),当 $\Delta=0$ 时,$f(\Delta)$ 有最大值。当以中误差 m 代替标准差 σ 时,最大值为 $\dfrac{1}{\sqrt{2\pi}m}$。因此,当 m 较小时,曲线在纵轴方向的顶峰表示小误差比较集中;当 m 较大时,曲线在纵轴方向的顶峰较低,曲线形状平缓,表示误差分布比较离散。如图 5-2 所示。

(2) 相对误差

在某些测量工作中,用中误差这个标准还不能反映出观测的质量,例如,用钢尺丈量 200m 和 80m 两段距离,观测值的中误差都是 ±20mm,但不能认为两者的精度一样。因为量距误差与其长度有关,为此,用观测值的中误差绝对值与观测值之比化为分子为 1 的分数的形式称为相对中误差。上例中,前者的相对中误差为 $K_1=0.02/200=1/10000$;而后者的相对中误差则为 $K_2=0.02/80=1/4000$。前者精度高于后者。

(3) 极限误差

由频率直方图可知(图 5-1),各矩形小条的面积代表误差出现在该区间中的频率;当统计误差的个数无限增加、误差区间无限减小时,频率逐渐稳定而成为概率,直方图的顶边即形成正态分布曲线。因此,根据正态分布曲线可以求得出现在小区间 dΔ 中的概率。

$$p(\Delta) = f(\Delta)d\Delta = \frac{1}{\sqrt{2\pi}\,m} e^{-\frac{\Delta^2}{2m^2}} \cdot d\Delta \tag{5-7}$$

根据式(5-7)的积分可以得到偶然误差在任意区间出现的概率。设以 k 倍中误差作为区间，则在此区间中误差出现的概率为：

$$p(|\Delta| < k \cdot m) = \int_{-km}^{+km} \frac{1}{\sqrt{2\pi}\,m} e^{-\frac{\Delta^2}{2m^2}} \cdot d\Delta \tag{5-8}$$

式(5-8)经积分后，分别以 $k=1$，2，3 代入，可得到偶然误差的绝对值不大于 1 倍中误差、2 倍中误差和 3 倍中误差的概率：

$$P(|\Delta| < m) = 0.683 = 68.30\%$$
$$P(|\Delta| < 2m) = 0.954 = 95.40\%$$
$$P(|\Delta| < 3m) = 0.997 = 99.7\% \tag{5-9}$$

由此可见，偶然误差的绝对值大于 2 倍中误差的约占误差总数的 5%，而大于 3 倍中误差的仅占误差总数的 0.3%。由于一般进行测量的次数有限，上述情况很少遇到，因此以 2 倍或 3 倍中误差作为容许误差的极限，称为容许误差或称极限误差

$$\Delta_{容} = 2m \quad \text{或} \quad \Delta_{容} = 3m \tag{5-10}$$

前者要求较严，而后者要求较宽。测量中出现的误差如果大于容许值，是不正常的，即认为观测值中存在错误，该观测值应该放弃或重测。

5.2.2 观测值的精度评定

(1) 算术平均值

对某未知量进行几次等精度观测，其观测值分别为 l_1，l_2，$\cdots$，l_n，将这些观测值取算术平均值 x 作为该未知量的最可靠的数值，又称最或然值(也称为最或是值)。即

$$x = \frac{l_1 + l_2 \cdots + l_n}{n} = \frac{[l]}{n} \tag{5-11}$$

下面以偶然误差的特性来探讨算术平均值 x 作为某量的最或然值的合理性和可靠性。设某量的真值为 X，各观测值为 l_1，l_2，$\cdots$，l_n，其相应的真误差为 Δ_1，Δ_2，$\cdots$，Δ_n。则

$$\begin{aligned} \Delta_1 &= X - l_1 \\ \Delta_2 &= X - l_2 \\ &\vdots \\ \Delta_n &= X - l_n \end{aligned} \tag{5-12}$$

将等式两端分别相加并除以 n。则

$$\frac{[\Delta]}{n} = X - \frac{[l]}{n} = X - x \tag{5-13}$$

根据偶然误差第 4 特性，当观测次数 n 无限增大时，$\frac{[\Delta]}{n}$ 近于零。

即

$$\lim_{n\to\infty}\frac{[\Delta]}{n}=0 \tag{5-14}$$

由此看出,当观测次数无限大时,算术平均值 x 趋近于该量的真值 X。但在实际工作中不可能进行无限次的观测,这样,算术平均值就不等于真值,因此,我们就把有限个观测值的算术平均值认为是该量的最或然值。

(2)观测值的改正值

观测值的改正值(以 v 表示),是算术平均值与观测值之差。

即

$$\begin{aligned}v_1&=x-l_1\\v_2&=x-l_2\\&\cdots\\v_n&=x-l_n\end{aligned} \tag{5-15}$$

将等式两端分别相加。

得

$$[v]=nx-[l] \tag{5-16}$$

将 $x=\dfrac{[l]}{n}$ 带入式(5-16)。

得

$$[v]=n\frac{[l]}{n}-[l]=0 \tag{5-17}$$

因此一组等精度观测值的改正值之和恒等于零。这一结论可作为计算工作的校核。另外,设在式(5-15)中以 x 为自变量(待定值),则改正值 v_i 为自变量的函数。如果使改正值的平方和为最小值。

即

$$[vv]_{\min}=(x-l_1)^2+(x-l_2)^2+\cdots+(x-l_n)^2 \tag{5-18}$$

以此作为条件(称为"最小二乘原则")来求 x,这就是高等数学中求条件极值的问题。

令

$$\frac{\mathrm{d}[vv]}{\mathrm{d}x}=2[(x-l)]=0 \tag{5-19}$$

得

$$nx-[l]=0$$

$$x=\frac{[l]}{n} \tag{5-20}$$

此式即式(5-11),由此可知,取一组等精度观测值的算术平均值 x 作为最或然值,并据此得到各个观测值的改正值是符合最小二乘原则的。

(3)按观测值的改正值计算中误差

一组等精度观测值在真值已知的情况下(如三角形的三内角之和),可以按式(5-1)计算观测值的真误差，按式(5-6)计算观测值的中误差。

在一般情况下，观测值的真值 X 往往是不知道的，真误差 Δ 也就无法求得，因此就不能用式(5-6)来求中误差。由上一节知道：在同样条件下对某量进行多次观测，可以计算其最或然值——算术平均值 x 及各个观测值的改正值 v_i；并且也知道，最或然值 x 在观测次数无限增多时，将逐渐趋近于真值 x。在观测次数有限时，以 x 代替 X，就相当于以改正值 v_i 代替真误差 Δ_i。由此得到按观测值的改正值计算观测值的中误差的实用公式。

$$m = \pm\sqrt{\frac{[vv]}{n-1}} \tag{5-21}$$

式(5-21)与式(5-6)的不同之处是，分子以 $[vv]$ 代替 $[\Delta\Delta]$，分母以 $(n-1)$ 代替 n。实际上，n 和 $(n-1)$ 是代表两种不同情况下的多余观测数。因为，在真值已知的情况下，所有 n 次观测均为多余观测，而在真值未知情况下，则其中一个观测值是必要的，其余 $(n-1)$ 个观测值是多余的。

式(5-21)也可以根据偶然误差的特性来证明。根据式(5-1)和式(5-15)可得：

$$\begin{aligned} \Delta_1 &= X - l_1 & v_1 &= x - l_1 \\ \Delta_2 &= X - l_2 & v_2 &= x - l_2 \\ &\vdots & &\vdots \\ \Delta_n &= X - l_n & v_n &= x - l_n \end{aligned}$$

上列左、右两式分别相减。

得

$$\begin{aligned} \Delta_1 &= v_1 + (X - x) \\ \Delta_2 &= v_2 + (X - x) \\ &\vdots \\ \Delta_n &= v_n + (X - x) \end{aligned} \tag{5-22}$$

上列各式取其总和，并顾及 $[v] = 0$。

得

$$[\Delta] = nX - nx$$

$$X - x = \frac{[\Delta]}{n} \tag{5-23}$$

为了求得 $[\Delta\Delta]$ 与 $[vv]$ 的关系，将式(5-22)等号两端平方，取其总和，并顾及 $[v]=0$。

得 $\qquad [\Delta\Delta] = [vv] + n(X-x)^2 \tag{5-24}$

式中：$(X-x)^2 = \frac{[\Delta]^2}{n^2} = \frac{\Delta_1^2 + \Delta_2^2 + \cdots + \Delta_n^2}{n^2} + \frac{2(\Delta_1\Delta_2 + \Delta_1\Delta_3 + \cdots + \Delta_{n-1}\Delta_n)}{n^2}$，式中右端第二项中 $\Delta_i\Delta_j (i \neq j)$ 为两个偶然误差的乘积，仍具有偶然误差的特性，根据其第四特性：

$$\lim_{n \to \infty} \frac{\Delta_1\Delta_2 + \Delta_1\Delta_3 + \cdots + \Delta_{n-1}\Delta_n}{n} = 0 \tag{5-25}$$

当 n 为有限数值时，上式的值为一微小量，再除以 n 后更可以忽略不计，因此

$$(X-x)^2 = \frac{[\Delta\Delta]}{n^2} \tag{5-26}$$

将上式代入式(5-24)。
得

$$[\Delta\Delta]=[vv]+\frac{[\Delta\Delta]}{n} \tag{5-27}$$

或

$$\frac{[\Delta\Delta]}{n}=\frac{[vv]}{n-1} \tag{5-28}$$

由此证明式(5-21)的成立。式(5-21)为对于某一量进行多次观测而评定观测值精度的实用公式。对于算术平均值 x，其中误差 m_x 可用下式计算：

$$m_x=\frac{m}{\sqrt{n}}=\pm\sqrt{\frac{[vv]}{n(n-1)}} \tag{5-29}$$

式(5-29)为等精度观测算术平均值的中误差的计算公式。式(5-29)将在下节【例5-6】中进行证明。

【例5-3】对于某一水平角，在相同观测条件下用 DJ_6 光学经纬仪进行 6 次观测，求其算术平均值 x、观测值的中误差 m 以及算术平均值中误差 m_x。计算在表 5-3 中进行。在计算算术均值时，由于各个观测值相互比较接近，因此，令各观测值共同部分为 10。
即

$$l_i=l_0+\Delta l_i \quad i=1,2,\cdots,n \tag{5-30}$$

则算术平均值的实用计算公式为：

$$x=l_0+\frac{[\Delta l]}{n} \tag{5-31}$$

表 5-3　按观测值的改正值计算中误差

序号	观测值 l_i	Δl_i	改正值 v_i	v_i^2	计算 x、m 及 m_x
1	78°26′42″	42″	−7″	49	
2	78°26′36″	36″	−1″	1	$x=l_0+\frac{[\Delta l]}{n}=78°26′35″$
3	78°26′24″	24″	+11″	121	$[vv]=300$，$n=6$
4	78°26′45″	45″	−10″	100	$m=\pm\sqrt{\frac{[vv]}{n-1}}=\pm 7.8″$
5	78°26′30″	30″	+5″	25	
6	78°26′33″	33″	+2″	4	$m_x=\frac{m}{\sqrt{n}}=\pm 3.2″$
Σ	$l_0=78°26′00″$	210″	0″	300	

5.3　误差传播定律及其应用

◎ 任务目标

①理解误差传播定律概念；
②掌握一般函数关系误差传播定律的推导过程；

5.3 误差传播定律及其应用

③掌握误差传播定律在水准测量、距离测量等测量工作中的应用；
④能够应用误差传播定律评定观测值函数的精度。

○ 任务介绍

本任务主要介绍误差传播定律的定义、一般函数关系误差传播定律的推导、误差传播定律的应用。确保能够根据具体的测量工作，应用误差传播定律评定观测值函数的精度。

○ 任务实施

前面已经探讨了衡量一组等精度观测值的精度指标，并指出在测量工作中通常以中误差作为衡量精度的指标。但在实际工作中，某些未知量不可能或不便于直接进行观测，而需要由另一些直接观测量根据一定的函数关系计算出来。例如，欲测量不在同一水平面上两点间的水平距离 D，可以用光电测距仪测量斜距 D'，并用经纬仪测量竖直角 α，以函数关系 $D=D'\cos\alpha$ 来推算。显然，在此情况下，函数值 D 的中误差与观测值 D' 及 α 的中误差之间，必定有一定关系。阐述这种函数关系的定律，称为误差传播定律。

下面推导一般函数关系的误差传播定律。设有一般函数：

$$Z=F(x_1,\ x_2,\ \cdots,\ x_n) \tag{5-32}$$

式中：x_1，x_2，$\cdots$，x_n——可直接观测的相互独立的未知量；

Z——不便于直接观测的未知量。

设 $x_i(i=1,\ 2,\ \cdots,\ n)$ 的独立观测值为 l_i 其相应的真误差为 Δx_i。由于 Δx_i 的存在，使函数 z 亦产生相应的真误差 Δz。将式(5-32)取全微分。

$$\mathrm{d}z=\frac{\partial F}{\partial x_1}\cdot \mathrm{d}x_1+\frac{\partial F}{\partial x_2}\cdot \mathrm{d}x_2+\cdots+\frac{\partial F}{\partial x_n}\cdot \mathrm{d}x_n \tag{5-33}$$

因误差 Δx_i 及 Δz 都很小，故在上式中，可近似用 Δx_i 及 Δz 代替 $\mathrm{d}x_i$ 及 $\mathrm{d}z$，于是有：

$$\Delta z=\frac{\partial F}{\partial x_1}\cdot \Delta x_1+\frac{\partial F}{\partial x_2}\cdot \Delta x_2+\cdots+\frac{\partial F}{\partial x_i}\cdot \Delta x_i \tag{5-34}$$

式中：$\dfrac{\partial F}{\partial x_i}$——函数 F 对各个变量的偏导数。

将 $x_i=l_i$ 代入各偏导数中，即为确定的常数。
设

$$\left(\frac{\partial F}{\partial x_i}\right)_{x_i=l_i}=f_i \tag{5-35}$$

则式(5-35)可写为：

$$\Delta z=f_1\cdot \Delta x_1+f_2\cdot \Delta x_2+\cdots+f_n\cdot \Delta x_n \tag{5-36}$$

为了求得函数和观测值之间的中误差关系式，设想对各 x_i 进行了 k 次观测，则可写出 k 个类似于式(5-36)的关系式：

$$\Delta z^{(1)}=f_1\cdot \Delta x_1^{(1)}+f_2\cdot \Delta x_2^{(1)}+\cdots+f_n\cdot \Delta x_n^{(1)}$$
$$\Delta z^{(2)}=f_1\cdot \Delta x_1^{(2)}+f_2\cdot \Delta x_2^{(2)}+\cdots+f_n\cdot \Delta x_n^{(2)}$$
$$\vdots$$

$$\Delta z^{(k)} = f_1 \cdot \Delta x_1^{(k)} + f_2 \cdot \Delta x_2^{(k)} + \cdots + f_n \cdot \Delta x_n^{(k)} \tag{5-37}$$

将以上各式等号两边平方,再相加。

得

$$[\Delta z^2] = f_1^2 \cdot [\Delta x_1^2] + f_2^2 \cdot [\Delta x_2^2] + \cdots + f_n^2 \cdot [\Delta x_n^2] + \sum_n f_1 f_2 [\Delta x_i \Delta x_j] \tag{5-38}$$

式(5-38)两端各除以 k。

得

$$\frac{[\Delta z^2]}{k} = f_1^2 \cdot \frac{[\Delta x_1^2]}{k} + f_2^2 \cdot \frac{[\Delta x_2^2]}{k} + \cdots + f_n^2 \cdot \frac{[\Delta x_n^2]}{k} + \sum_n f_1 f_2 \frac{[\Delta x_i \Delta x_j]}{k} \tag{5-39}$$

设对各 x_i 的观测值 l_i 为彼此独立的观测,则 $\Delta x_i \Delta x_j (i \neq j)$ 亦为偶然误差。根据偶然误差的第四特性可知,式(5-39)的末项当 $k \to \infty$ 时趋近于零。

即

$$\lim_{k \to \infty} = \frac{\Delta x_i \Delta x_j}{k} = 0$$

故式(5-39)可写为:

$$\lim_{k \to \infty} = \frac{[\Delta z^2]}{k} = \lim_{k \to \infty} \left(f_1^2 \cdot \frac{[\Delta x_1^2]}{k} + f_2^2 \cdot \frac{[\Delta x_2^2]}{k} + \cdots + f_n^2 \cdot \frac{[\Delta x_n^2]}{k} \right) \tag{5-40}$$

根据中误差的定义,式(5-40)可写为:

$$\sigma_z^2 = f_1^2 \cdot \sigma_1^2 + f_2^2 \cdot \sigma_2^2 + \cdots + f_n^2 \cdot \sigma_n^2 \tag{5-41}$$

当 k 为有限值时,可写为:

$$m_z^2 = f_1^2 \cdot m_1^2 + f_2^2 \cdot m_2^2 + \cdots + f_n^2 \cdot m_n^2 \tag{5-42}$$

$$m_z = \pm \sqrt{\left(\frac{\partial F}{\partial x_i}\right)^2 \cdot m_1^2 + \left(\frac{\partial F}{\partial x_i}\right)^2 \cdot m_2^2 + \cdots + \left(\frac{\partial F}{\partial x_i}\right)^2 \cdot m_n^2} \tag{5-43}$$

式(5-43)即为计算函数中误差的一般形式。应用式(5-43)时,必须注意:各观测值必须是相互独立的变量。

【例5-4】 在1∶500地形图上,量得某线段的平距为 $d_{AB} = 51.2\text{mm} \pm 0.2\text{mm}$,求 AB 的实地平距 D_{AB} 及其中误差 m_d。

解:函数关系式为:

$$D_{AB} = 500 \times d_{AB} = 25600\text{mm}$$

$f_1 = \dfrac{\partial D}{\partial d}$,$m_d = \pm 0.2\text{mm}$,代入误差式(5-43)中。

得

$$m_d^2 = 500^2 \times m_d^2 = 10000$$

得

$$D_{AB} = 25.6\text{m} \pm 0.1\text{m}$$

【例5-5】 水准测量测站高差计算公式:$h = a - b$。已知后视读数误差为,$m_a = \pm 1\text{mm}$;前视读数误差为 $m_b = \pm 1\text{mm}$,计算每测站高差的中误差 m_h。

解:函数关系式为:

$$h = a - b$$
$$f_1 = \frac{\partial h}{\partial a} = 1, \quad f_2 = \frac{\partial h}{\partial b} = -1$$

应用误差传播公式(5-43)，有：
$$m_h^2 = 1^2 m_a^2 + (-1)^2 m_a^2 = 2$$

得
$$m_h = \pm 1.41 \text{mm}$$

【例 5-6】 对某段距离测量了 n 次，观测值为 $l_1, l_2, \cdots, l_n$，所有观测值为相互独立的等精度观测值，观测值中误差为 m，试求其算术平均值 x 的中误差 m_x。

解：函数关系式为：
$$x = \frac{[l]}{n} = \frac{1}{n} \cdot l_1 + \frac{1}{n} \cdot l_2 + \cdots + \frac{1}{n} \cdot l_n$$

上式取全微分。

即
$$\mathrm{d}x = \frac{1}{n} \cdot \mathrm{d}l_1 + \frac{1}{n} \cdot \mathrm{d}l_2 + \cdots + \frac{1}{n} \cdot \mathrm{d}l_n$$

根据误差传播公式(5-43)，有：
$$m_x^2 = \frac{1}{n^2} \cdot m^2 + \frac{1}{n^2} \cdot m^2 + \cdots + \frac{1}{n^2} \cdot m^2$$

得
$$c = \frac{m}{\sqrt{n}} \tag{5-44}$$

上式即为式(5-29)。n 次等精度直接观测值的算术平均值的中误差为观测值中误差的 $1/\sqrt{n}$，因此，增加观测次数可以提高算术平均值的精度。

【例 5-7】 光电测距三角高程公式为 $h = D\tan\alpha + i - v$。已知：$D = 192.263\text{m} \pm 0.006\text{m}$，$\alpha = 8°9'16'' \pm 6''$，$i = 1.515\text{m} \pm 0.002\text{m}$，$v = 1.627\text{m} \pm 0.002\text{m}$，求高差 h 值及其中误差 m_h。

解：高差函数式
$$h = D\tan\alpha + i - v = 27.437\text{m}$$

上式取全微分，有：
$$\mathrm{d}h = \tan\alpha \cdot \mathrm{d}D + (D\sec^2\alpha)\frac{\mathrm{d}\alpha''}{\rho''} + \mathrm{d}i - \mathrm{d}v$$

所以
$$f_1 = \tan\alpha = 0.1433, \quad f_2 = (D\sec^2\alpha)/\rho'' = 0.9513, \quad f_3 = +1, \quad f_4 = -1$$

应用误差传播公式(5-43)有：
$$m_h^2 = f_1^2 \cdot m_D^2 + f_2^2 \cdot m_\alpha^2 + f_3^2 \cdot m_i^2 + \cdots + f_4^2 \cdot m_v^2 = 41.3182$$

故
$$m_h = \pm 6.5\text{mm} \approx \pm 7\text{mm}$$

最后结果为：
$$h = 27.437\text{m} \pm 0.007\text{mm}$$

5.4 权的概念

○ **任务目标**

①理解权的概念；
②掌握权与中误差的相互关系；
③掌握加权算术平均值及其中误差的计算方法、步骤；
④能够理解权与中误差的关系；
⑤能够实现加权算术平均值及其中误差的计算。

○ **任务介绍**

本任务主要介绍权的定义、权与中误差的相互关系、加权算术平均值及其中误差的计算方法及步骤。确保能够理解权与中误差的关系，并能够实现加权算术平均值及其中误差的计算。

○ **任务实施**

在对某一未知量进行不等精度观测时，各观测值的中误差各不相同，即观测值具有不同程度的可靠性。在求未知量最可靠值时，就不能像等精度观测那样简单地取算术平均值。因为，较可靠的观测值可对最后结果产生较大的影响。

各不等精度观测值的可靠程度，可用一个数值来表示，称为各观测值的权，用 p 表示。"权"是权衡轻重的意思，观测值的精度较高，其可靠性也较强，则权较大。例如，设对某一未知量进行了两组不等精度观测，每组内各观测值是等精度的。设第一组观测了4次，其观测值为 $l_1+l_2+l_3+l_4$；第二组观测了两次，观测值为 l'_1，l'_2。这些观测值的可靠程度都相同，则每组分别取算术平均值作为最后观测值，即

$$x_1 = \frac{l_1+l_2+l_3+l_4}{4} \tag{5-45}$$

$x_2 = \frac{l'_1+l'_2}{2}$ 两组观测值合并，相当于等精度观测了6次，故两组观测值的最后结果应为：

$$x_2 = \frac{l_1+l_2+l_3+l_4+l'_1+l'_2}{6} \tag{5-46}$$

但对 x_1、x_2 来说，彼此是不等精度观测，如果用 x_1、x_2 来计算 x，则上式计算实际值是：

$$x = \frac{4x_1+2x_2}{4+2} \tag{5-47}$$

从不等精度的观点来看，测量值 x_1 是四次观测值的平均值，x_2 是两次观测值的平均值，x_1 和 x_2 的可靠性是不一样的，故可取4和2为其相应的权，以表示 x_1、x_2 可靠程度的差别。若取2和1为其相应的权，x 的计算结果相同。由于上式分子、分母各乘同一常

数，最后结果不变，因此，权是对各观测结果的可靠程度给予数值表示，只具有相对意义，并不反映中误差绝对值的大小。

5.4.1 权与中误差的关系

一定的中误差，对应着一个确定的误差分布，即对应着一定的观测条件。观测结果的中误差越小，其结果越可靠，权就越大。因此，可以根据中误差来定义观测结果的权。设不等精度观测值的中误差分别为 m_1，$m_2\cdots$，m_n，则相应权可以用下面的式子来定义：

$$p_1=\mu^2/m_1^2, \quad p_2=\mu^2/m_2^2, \quad \cdots, \quad p_n=\mu^2/m_n^2 \tag{5-48}$$

式中：μ——任意常数。

根据前面所举的例子，$l_1+l_2+l_3+l_4$ 和 l'_1，l'_2 是等精度观测列，设其观测值的中误差皆为 m，则第一组算术平均值 x_1 的中误差 m_1，可以根据误差传播定律，按式(5-44)求得：

$$m_1^2 = \frac{m^2}{4} \tag{5-49}$$

同理，设第二组算术平均值 x_2 的中误差为 m_2，则有：

$$m_2^2 = \frac{m^2}{2} \tag{5-50}$$

根据权的定义，将 m_1 和 m_2 分别代入式(5-48)中。

得

$$p_1 = \mu^2/m_1^2 = 4\mu^2/m^2 \tag{5-51}$$

$$p_1 = \mu^2/m^2 = 2\mu^2/m^2 \tag{5-52}$$

式中：μ——任意常数。

设 $\mu^2 = m^2$，则 x_1、x_2 的权分别为：

$$p_1 = 4, \quad p_2 = 2$$

若设 $\mu^2 = \frac{m^2}{2}$，则 x_1、x_2 的权分别为：

$$p_1 = 2, \quad p_2 = 1$$

因此，任意选择 μ 值，可以使权变为便于计算的数值。

【例 5-8】 设对某一未知量进行了 n 次等精度观测，求算术平均值的权。

解：设一测回角度观测值的中误差为 m，则由式(5-44)得算术平均值的中误差 $m_x = \frac{m}{\sqrt{n}}$，由权的定义并设 $\mu = m$，则一测回观测值的权为：

$$p = \mu^2/m^2 = 1$$

算术平均值的权为：

$$p = \mu^2/m_x^2 = n$$

由上例可知，取一测回角度观测值之权为 1，则 n 个测回观测值的算术平均值的权为 n。故角度观测的权与其测回数呈正比。在不等精度观测中引入"权"的概念，可以建立各观测值之间的精度比值，以便更合理地处理观测数据。例如，设一测回观测值的中误差为 m，其权为 p_0，并设 $\mu^2 = m^2$，则

$$p_0 = \frac{\mu^2}{m^2} = 1$$

等于 1 的权称为单位权,而权等于 1 的中误差称为单位权中误差,一般用 μ 表示。对于中误差为 m_i 的观测值(或观测值的函数),其相应的权为 p_i。
即

$$p_i = \frac{\mu^2}{m_i^2}$$

则相应的中误差的另一表达式可写为:

$$m_i = \pm \mu \sqrt{\frac{1}{p_i}} \tag{5-53}$$

5.4.2 加权算术平均值及其中误差

设对同一未知量进行了 n 次不等精度观测,观测值为 l_1, l_2, $\cdots$, l_n,其相应的权为 p_1, p_2, $\cdots$, p_n,则加权算术平均值为不等精度观测值的最可靠值,其计算公式为:

$$x = \frac{p_1 l_1 + p_2 l_2 + \cdots + p_n l_n}{p_1 + p_2 + \cdots + p_n} \tag{5-54}$$

可写为:

$$x = \frac{[pl]}{[p]} \tag{5-55}$$

下面计算加权算术平均值的中误差 m_x。式(5-54)可写为:

$$x = \frac{[pl]}{[p]} = \frac{p_1}{[p]} \cdot l_1 + \frac{p_2}{[p]} \cdot l_2 + \cdots + \frac{p_n}{[p]} \cdot l_n \tag{5-56}$$

根据误差传播定律,可得 x 的中误差 m_x 为

$$m_x^2 = \frac{1}{[p]^2}(p_1^2 m_1^2 + p_2^2 m_2^2 + \cdots + p_n^2 m_n^2) \tag{5-57}$$

式中:m_1, m_2, $\cdots$, m_n 相应为 l_1, l_2, $\cdots$, l_n 的中误差。

由于 $p_1 m_1^2 = p_2 m_2^2 = p_2 m_2^2 = \mu^2$($\mu$ 为单位权中误差),故有:

$$m_x^2 = \frac{p_1 \mu^2 + p_2 \mu^2 + \cdots + p_n \mu^2}{[p]^2} = \frac{\mu^2}{[p]} \tag{5-58}$$

$$m_x = \pm \mu \sqrt{\frac{1}{[p]}} \tag{5-59}$$

下面推导 μ 的计算公式。由 $n\mu^2 = p_1 m_1^2 + p_2 m_2^2 + \cdots + p_n m_n^2$ 可知,当 n 足够大时,m_i 可用相应观测值 l_1 的真误差 Δ_i 来代替。
故

$$n\mu^2 = [pm^2] = [p\Delta\Delta] \tag{5-60}$$

由上式即可得单位权的中误差计算公式:

$$\mu = \pm \sqrt{\frac{[p\Delta\Delta]}{n}} \tag{5-61}$$

代入式(5-59)中,可得:

$$m_x = \pm\mu\sqrt{\frac{1}{[p]}} = \pm\sqrt{\frac{[p\Delta\Delta]}{n[p]}} \tag{5-62}$$

式(5-62)即为用真误差计算加权算术平均值的中误差的表达式。

实际中常用观测值的改正数 $v = x - l_i$ 来计算中误差 m_x,有

$$\mu = \pm\sqrt{\frac{[pvv]}{n-1}} \tag{5-63}$$

$$X_P = X_A + D_{AP}\cos\alpha_{AP} \tag{5-64}$$

不等精度观测值的改正数 v_i,同样符合最小二乘原则。其数学表达式为:

$$[pvv]_{\min} = p_1(x-l_1)^2 + p_2(x-l_2)^2 + \cdots + p_n(x-l_n)^2 \tag{5-65}$$

以 x 为自变量,对上式求一阶导数,并令其等于 0。
即

$$\frac{\mathrm{d}[pv]}{\mathrm{d}x} = 2[p_1(x-l_1)]^2 = 0 \tag{5-66}$$

上式整理可得:

$$x = \frac{[pl]}{[p]}$$

此式即式(5-55)。另外,不等精度观测值的改正值还满足下列条件:

$$[pv] = [p(x-l)] = [p]x - [pl] = 0 \tag{5-67}$$

式(5-67)可作计算校核用。

【例 5-9】某水平角用 DJ_2 经纬仪分别进行了三组观测,每组观测的测回数不同(表 5-4),试计算该水平角的加权平均值 x 及其中误差 m_x。

表 5-4 加权平均值及其中误差的计算

序号	测回数	观测值 l_i	权 p_i	v_i	$p_i v_i$	$p_i v_i^2$
1	3	35°32′29.5″	3	+5.0	+15.0	75.0
2	5	35°32′34.3″	5	+0.2	+1.0	0.2
3	8	35°32′36.5″	8	-2.0	-16.0	32.0
Σ			16		0	107.2

解:

$$x = \frac{[pl]}{[p]} = 35°32'34.5'' \qquad [pvv] = 107.2,\ n = 3$$

$$\mu = \pm\sqrt{\frac{[pvv]}{n-1}} = \pm 7.4'' \qquad m_x = \pm\mu\sqrt{\frac{1}{[p]}} = \pm 1.8''$$

5.5 项目考核

1. 怎样区分测量工作中的误差和错误?

2. 偶然误差和系统误差有什么不同？偶然误差有哪些特性？
3. 为什么说观测值的算术平均值是最可靠值？
4. 说明在什么情况下采用中误差衡量测量的精度？在什么情况下则用相对误差？
5. 用中误差作为衡量精度的标准有什么优点？
6. 某直线段丈量了 4 次，其结果为：124.387m、124.375m、124.39m、124.385m。计算其算术平均值、观测值中误差和相对误差。
7. 用 DJ_6 型光学经纬仪对某水平角进行了五个测回观测，其角度为：132°18′12″、132°18′09″、132°18′18″、132°18′15″和132°18′06″，计算其算术平均值、观测值的中误差和算术平均值的中误差。
8. 在一个三角形中，观测了两个内角 α 和 β，其中误差为 $m_\alpha = \pm 6″$，$m_\beta = \pm 8″$，求第三个角度 γ 的中误差 m_γ。
9. 设在图上量得某一圆半径 $R = 156.5\text{mm} \pm 0.5\text{mm}$，求圆周长及其中误差和圆面积及其中误差。
10. 有一长方形，测得其边长为 25.0000m±0.005m 和 20.000m±0.0004m。求该长方形的面积及其中误差。

第6章 小地区控制测量

控制测量是指在测区内，按测量任务所要求的精度，测定一系列控制点的平面位置和高程，建立起测量控制网，作为各种测量的基础。本章项目包括小地区控制测量概述、交会法测量、导线测量、高程控制测量、全站仪及其在控制测量中的应用五项工作任务。

6.1 小地区控制测量概述

○ 任务目标

①理解平面控制测量、平面控制网、图根控制测量等概念；
②理解高程控制测量、高程控制网等概念；
③能够对小地区控制测量有初步认识。

○ 任务介绍

本任务主要介绍平面控制测量和高程控制测量相关知识。确保对小地区控制测量形成初步的认识。

○ 任务实施

根据测量组织工作"从整体到局部，先控制后碎部"的原则，无论是地形图测绘、建筑施工测量、还是变形监测，都要先进行控制测量，然后进行碎部测量、施工放样或变形监测。

控制测量分为平面控制测量和高程控制测量。测量控制点平面位置(x, y)的工作称为平面控制测量，测量控制点高程 H 的工作称为高程控制测量。

在全国范围内进行的国家控制测量，是为确定地球的形状和大小、地球重力场及地震监测等基础研究提供必要的资料，是为空间科学和军事应用提供精确的点位依据，也是为国家大型工程建设和各种比例尺测图建立基本控制。国家控制测量是用精密测量仪器和方法按精度等级逐级建立的。随着GPS全球定位系统技术的广泛应用，我国已经在全国范围内测定了 700 多个高精度 GPS 点，其精度达到国际先进水平。

6.1.1 面控制测量

国家平面控制测量按布网要求和精度不同分为一、二、三、四等四个等级，由高到低，逐级控制。建立平面控制网的传统方法有三角测量和导线测量，图 6-1 所示为三角锁和三角网，图 6-2 所示为导线和导线网。

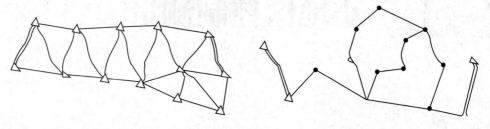

图 6-1 三角锁和三角网　　　　　　　　图 6-2 导线和导线网

对城市或大型厂矿地区，一般应在国家控制网的基础上根据测区的大小、城镇规划和施工量的要求，布设不同等级的平面控制网，以供测图和施工使用。城市平面控制网分为三等四级，其导线控制网的主要技术要求见表 6-1。

表 6-1 城市导线测量主要技术要求

等级	测角中误差 (″)	方位角闭合差 (″)	导线长度 (km)	平均边长 (m)	测距中误差 (mm)	全长相对中误差
一级	5	$\pm 10\sqrt{n}$				1∶1.4 万
二级	8	$\pm 16\sqrt{n}$	3.6	300	15	1∶1.0 万
三级	12	$\pm 24\sqrt{n}$	2.4	200	15	1∶0.6 万
图根	30	$\pm 60\sqrt{n}$	1.5	120	15	1∶0.2 万

直接供地形测图使用的控制点，称为图根控制点。测定图根点坐标的工作，称为图根控制测量。图根控制点的密度取决于测图比例尺的大小和地物、地貌的复杂程度。一般来说，平坦开阔地区图根点的密度稍低，困难地区和山区图根点数可适当增加（表 6-2）。

表 6-2 图根点的密度

测图比例尺	1∶500	1∶1000	1∶2000	1∶5000
每平方千米图根点数	150	50	15	5
每幅图图根点数	9	12	15	20

6.1.2 高程控制测量

全国性统一的高程控制测量，是以青岛国家水准原点为基准，沿全国主要干道辐射至各省区市，逐级布设，精确测定各点的高程，形成全国高程控制网。精密水准测量是建立高程控制网的主要方法。在山区也可采用三角高程测量建立高程控制网，这种方法作业速度快且不受地形起伏的影响，但是精度较水准测量要低。

如图 6-3 所示，国家水准测量分为一、二、三、四等四个等级。一、二等水准测量是用高精度水准仪和精密水准测量方法进行施测，作为三、四等水准测量的控制和用于地震监测和一些重要建构筑物的沉降监测。三、四等水准测量主要用于国家高程控制网加密和建立小地区的首级高程控制网。城市水准测量采用二、三、四等水准测量以及图根水准测量4个等级,其主要技术要求见表6-3。

本任务主要讨论小地区(10km² 以内)平面和高程控制测量的有关问题。

表6-3 城市及图根水准测量主要技术要求

等级	每千米高差中误差(mm)	符合路线长度(km)	水准仪型号	水准尺	观测次数(附合、环线)	往返差或环线闭合差(mm)	
						平地	山地
二等	2	400	DS_1	因瓦	往返观测	$±4\sqrt{L}$	
三等	6	45	DS_3	因瓦	往返观测	$±12\sqrt{L}$	$±4\sqrt{n}$
四等	10	15	DS_3	双面	单程观测	$±20\sqrt{L}$	$±6\sqrt{n}$
图根	20	8	DS_{10}	双面	单程观测	$±40\sqrt{L}$	$±12\sqrt{n}$

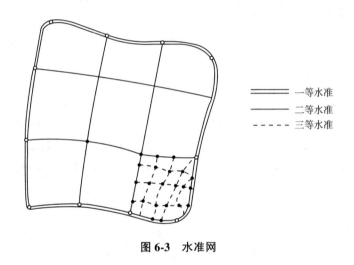

图6-3 水准网

6.2 交会法测量

○ 任务目标

①明确交会法测量的目的与要求;
②掌握角度交会法和边长交会法的原理;
③能够采用交会法进行加密控制测量。

○ 任务介绍

本任务主要介绍了角度交会法和边长交会法进行加密控制的方法。确保能够掌握交会法加密控制点的原理及施测方法。

○ 任务实施

交会法测量是平面控制测量中用于加密控制点的一种方法。在工程施工测量或大比例尺测图时,当控制点密度不能满足要求,通常采用交会法测量加密控制点。交会法测量可分为角度交会法和边长交会法。

6.2.1 角度交会法

如图 6-4 所示,A、B 为已知点,P 为待定点,在两个已知点上观测水平角 β_A,β_B,则

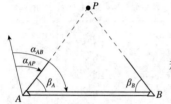

图 6-4 角度交会法

$$D_{AP} = \frac{D_{AB}\sin\beta_B}{\sin(180°-\beta_A-\beta_B)} = \frac{D_{AB}\sin\beta_B}{\sin(\beta_A+\beta_B)} \quad (6-1)$$

$$\alpha_{AP} = \alpha_{AB} - \beta_A \quad (6-2)$$

和

$$X_P = X_A + D_{AP}\cos\alpha_{AP} \quad (6-3)$$

将式(6-1)和式(6-2)代入式(6-3)。

得

$$\begin{aligned}X_P &= X_A + \frac{D_{AB}\sin\beta_B}{\sin(\beta_A+\beta_B)}\cos(\alpha_{AB}-\beta_A)\\ &= X_A + \frac{D_{AB}\sin\beta_B(\cos\alpha_{AB}+\cos\beta_A+\sin\alpha_{AB}\sin\beta_A)}{\sin\beta_A\cos\beta_B+\sin\beta_B\cos\beta_A}\\ &= X_A + \frac{D_{AB}\sin\beta_B\cos\beta_A\cos\alpha_{AB}+D_{AB}\sin\beta_B\sin\alpha_{AB}\sin\beta_A}{\sin\beta_A\cos\beta_B+\sin\beta_B\cos\beta_A}\end{aligned}$$

上式分子分母同处以 $\sin\beta_A\sin\beta_B$,并顾及 $D_{AB}\cos\alpha_{AB}=\Delta X_{AB}$ 和 $D_{AB}\sin\alpha_{AB}=\Delta Y_{AB}$ 则有:

$$\left.\begin{aligned}X_P &= X_A + \frac{\Delta X_{AB}\cot\beta_A + \Delta Y_{AB}}{\cot\beta_A + \cot\beta_B}\\ Y_P &= Y_A + \frac{\Delta Y_{AB}\cot\beta_A - \Delta X_{AB}}{\cot\beta_A + \cot\beta_B}\end{aligned}\right\} \quad (6-4)$$

将 $\Delta_{AB}=X_B-X_A$,代入式(6-4),则

$$\left.\begin{aligned}X_P &= (X_A\cot\beta_B + X_B\cot\beta_A + Y_B - Y_A)/(\cot\beta_A + \cot\beta_B)\\ Y_P &= (X_A\cot\beta_B + Y_B\cot\beta_A + X_B - X_A)/(\cot\beta_A + \cot\beta_B)\end{aligned}\right\} \quad (6-5)$$

式(6-5)是角度交会的基本公式。应用该公式时,要注意 A、B、P 的点名按逆时针方向排序。角度交会的实测数据、计算方法和步骤见表 6-4。

表 6-4 角度交会计算

略图	已知坐标	X_A	659.232	Y_A	355.537
		X_B	406.593	Y_B	654.051
	观测值	β_A			69°11′04″
		β_B			59°42′39″

			(续)
$X_A\cot\beta_B+X_B\cot\beta_A+Y_B-Y_A$	838.147	$Y_A\cot\beta_B+Y_B\cot\beta_A-X_B+X_A$	708.962
$\cot\beta_A+\tan\beta_B$	0.964274	$\cot\beta_A+\cot\beta_B$	0.964274
X_P	869.200	Y_P	735.229
	$X_P=\dfrac{X_A\cot\beta_B+X_B\cot\beta_A+Y_B-Y_A}{\cot\beta_A+\cot\beta_B}$ $Y_P=\dfrac{Y_A\cot\beta_B+Y_B\cot\beta_A-X_B+X_A}{\cot\beta_A+\cot\beta_B}$		

需要说明的是，如条件容许，应采用图 6-5 所示的三点角度前方交会，其计算公式和计算方法同前，该法可以进行观测和计算检核。

6.2.2 边长交会法

随着光电测距技术的应用，边长交会也成为加密控制点的一种常用方法。如图 6-6 所示，A、B 为已知点，D_A，D_B 为边长观测值，P 为待定点，计算方法如下：

$$\left.\begin{array}{l}D_0=\sqrt{(X_B-X_A)^2+(Y_B-Y_A)^2}\\ \sin\alpha_{AB}=(Y_B-Y_A)/D_0\\ \cos\alpha_{AB}=(X_B-X_A)/D_0\end{array}\right\} \quad (6\text{-}6)$$

式中：α_{AB}——AB 边的坐标方位角。

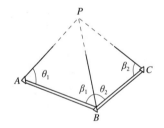
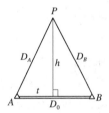

图 6-5　角度前方交会法　　图 6-6　边长交会法

根据余弦定律：

$$D_B^2=D_0^2+D_A^2-2D_0D_A\cos A \quad (6\text{-}7)$$

有

$$\left.\begin{array}{l}\cos A=\dfrac{1}{2D_0D_A}(D_0^2+D_A^2-D_B^2)\\ t=D_A\cos A=\dfrac{1}{2D_0}(D_0^2+D_A^2-D_B^2)\\ h=\sqrt{D_A^2-t^2}\end{array}\right\} \quad (6\text{-}8)$$

则，P 点的坐标为：

$$\left.\begin{array}{l}X_P=X_A+t\cos\alpha_{AB}+h\sin\alpha_{AB}=X_A+(t\Delta X_{AB}+h\Delta Y_{AB})D_0\\ Y_P=Y_A+t\cos\alpha_{AB}-h\cos\alpha_{AB}=Y_A+(t\Delta Y_{AB}-h\Delta X_{AB})D_0\end{array}\right\} \quad (6\text{-}9)$$

计算方法与步骤见表 6-5。

表 6-5 边长交会计算

略图				已知坐标	X_A	1035.147	Y_A	2601.295
					X_B	1501.710	Y_B	3270.053
				观测值	D_A		703.760	
					D_B		670.486	
ΔX_{AB}	+466.563	ΔY_{AB}	+668.758	D_0			815.425	
t	+435.751	h	+552.629	X_P		1737.701	Y_P	2642.471
计算公式			$t=\dfrac{1}{2D_0}(D_A^2+D_0^2+D_B^2)$ $h=\sqrt{D_A^2-t^2}$			$\Delta x=(t\Delta X_{AB}+h\Delta Y_{AB})/D_0$ $\Delta y=(t\Delta Y_{AB}+h\Delta X_{AB})/D_0$		

6.3 导线测量

◆ 任务目标

①掌握导线的布设形式与等级；
②掌握导线测量外业选点及施测过程；
③掌握导线点坐标的推算方法；
④能够完成任一附合或闭合导线的布设、施测；
⑤能够利用导线测量的外业数据进行内业计算。

◆ 任务介绍

本任务主要介绍导线测量外业施测以及导线测量内业计算。确保能够对布设的导线进行外业施测，并能够利用导线测量外业数据进行内业计算，求出各个导线点的坐标。

◆ 任务实施

6.3.1 导线测量外业

6.3.1.1 导线布设形式

导线测量是城市测量和土木工程施工测量中用于建立平面控制网的常用方法。特别是地物分布较复杂的城市地区或视线障碍较多的隐蔽区和带状地区，这种方法更为有效。导线测量根据不同情况和要求，可布设成以下三种形式：

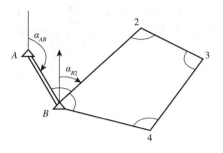

图 6-7 闭合导线

(1) 闭合导线

如图 6-7 所示，闭合导线是指起止于同一已知点的导线，即从已知高级控制点 A、B 出发，经过 2、3 和 4 点，最后仍回到起点 B，构成一平面多边形。由于平面多边形的几何关系，闭合导线具有严格的检核条件。

(2) 附合导线

如图 6-8 所示，附合导线是布设在两个已知点之间的导线。它从一个高级控制点 B 和已知坐标方位角 α_{AB} 出发，经过 1、2、3、4 点，最后附合到另一已知高级控制点 C 和已知坐标方位角 α_{CD}。与闭合导线相同，附合导线也具有严格的检核条件。

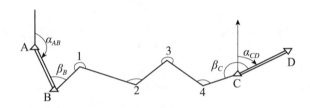

图 6-8 附合导线

(3) 支导线

由一已知点和一已知坐标方位角出发，既不附合到另一已知点，又不回到原起始点的导线，称为支导线。如图 6-9 中的 A、B、1、2 就是支导线，其中 A、B 为已知点，因支导线缺乏检核条件，故其边数一般不应超过 2 条。

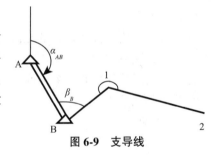

图 6-9 支导线

6.3.1.2 导线测量外业工作

导线测量的外业工作包括选点建标志、角度测量、边长测量和连测等。

(1) 选点建标志

选点前一般应先对测区内原有的地形图和控制点的资料进行分析，拟定导线的布设方案，然后到现场踏勘，实地核对、选点并建立导线点标志。如果测区内没有原始地形图资料，则需要进行现场详细踏勘，根据地形条件及测图或施工等具体要求，合理选定导线点位置，并建立观测标志。实地选点时应注意下列事项：

①相邻导线点间要通视，地势应尽量平坦，以便于测角和量距。
②点位应选在土质坚实处，以便于保存标志和安置仪器。
③导线点周围应视野开阔，以便于地形图测绘。
④导线各边的长度应大致相等，平均导线边长参照表 6-1。
⑤导线点应有足够的密度，分布较均匀，便于控制整个测区。

导线点选定后，应建立点位标志。临时性标志一般是在导线点上打一木桩，桩顶钉一小钉。若导线点需要保存较长时间，就要埋设混凝土桩，桩内预置铜棒，铜棒顶刻"十"字，作为永久性点位标志(图 6-10)。为了便于管理和使用，导线点要统一编号，并绘制导线点与附近地物间的关系草图(图 6-11)。

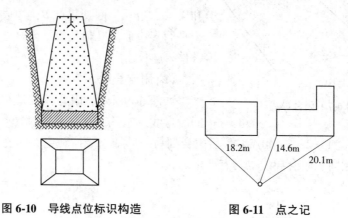

图 6-10　导线点位标识构造　　　　图 6-11　点之记

(2) 量边

导线边长可以用钢尺丈量，也可用光电测距仪测定。高等级导线用钢尺量边时，应按精密量距方法进行。对于图根导线，则用一般方法往返丈量，其相对误差一般不低于 1/3000，困难地区不得低于 1/2000。

(3) 测角

导线的转折角按所确定的导线前进方向为准，在其左侧的角称为左角；在右侧的角称为右角，采用测回法观测。不同等级导线的测角技术要求参照表 6-1。对于图根导线，一般用 DJ_6 级经纬仪观测一个测回。盘左、盘右测得角度之差不得超过 ±40″，并取其平均值作为最后的角度值。

(4) 连测

导线为了取得统一坐标系统，应与高级控制点进行连接，由此而进行的边、角测量，称为连测。连测是作为传递坐标和坐标方位角之用。导线若采用独立坐标系统，则可用罗盘仪测量导线起始边的磁方位角，并假定起始点的坐标作为起算数据，如图 6-7 所示，A、B 是已知点，β_B 是连接角。又如，图 6-8 的附合导线中，A、B、C、D 是已知点，β_B，β_C 是连接角。

6.3.2　导线测量内业计算

导线测量内业计算的目的是求各导线点的坐标。导线计算前应全面检查导线测量外业记录，检核观测数据是否符合精度要求，起算数据是否准确，然后绘制导线略图，并把观测数据及已知数据标注于图上。

6.3.2.1　导线基本计算

(1) 导线坐标方位角推算

如图 6-8 所示的附合导线，已知 A、B 的坐标方位角为 α_{AB}，导线各转折角为 β_B，β_1，

β_2, …。图 6-8 中 β 各转折角均在推算方向左侧，故可推求 $B1$，12，23，…的各边坐标方位角为：

$$\alpha_{B1} = \alpha_{AB} + 180° + \beta_B$$
$$\alpha_{12} = \alpha_{B1} + 180° + \beta_1$$
$$\alpha_{23} = \alpha_{12} + 180° + \beta_2$$
$$\vdots$$

一般式为：

$$\alpha_{前} = \alpha_{后} + 180° + \beta_{左} \tag{6-10}$$

如图 6-7 所示的闭合导线，已知 $B2$ 边坐标方位角为 α_{B2}，导线各转折角 β 均在推算方向右侧，则可推求各边坐标方位角为：

$$\alpha_{23} = \alpha_{B2} + 180° - \beta_2$$
$$\alpha_{34} = \alpha_{23} + 180° - \beta_3$$
$$\vdots$$

一般式为：

$$\alpha_{前} = \alpha_{后} + 180° - \beta_{右} \tag{6-11}$$

需要指出的是，按上述公式推算坐标方位角，如角值大于 360°，则应减去 360°，若出现负值应加上 360°。

(2) 坐标正算

坐标正算是根据已知点坐标、已知边长和坐标方位角，推算未知点坐标。如图 6-12 所示，A 是已知点，其坐标为 X_A，Y_A，当已知 AB 的边长 D_{AB} 和坐标方位角 α_{AB} 时，则 A、B 两点间坐标增量（坐标差）ΔX_{AB}、ΔY_{AB} 为：

$$\left.\begin{array}{l}\Delta X_{AB} = D_{AB}\cos\alpha_{AB} \\ \Delta Y_{AB} = D_{AB}\sin\alpha_{AB}\end{array}\right\} \tag{6-12}$$

待定点 B 的坐标为：

$$\left.\begin{array}{l}X_B = X_A + \Delta X_{AB} \\ Y_B = Y_A + \Delta Y_{AB}\end{array}\right\} \tag{6-13}$$

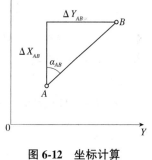

图 6-12 坐标计算

(3) 坐标反算

坐标反算是指根据两个已知点的坐标推算其边长坐标方位角，即已知 A、B 两点坐标 X_A，Y_A 和 X_B，Y_B 欲求 AB 的边长 D_{AB} 和坐标方位角 α_{AB}，则有：

$$D_{AB} = \sqrt{(X_B - X_A)^2 + (Y_B - Y_A)^2} \tag{6-14}$$

$$\tan\theta_{AB} = \frac{\Delta X_{AB}}{\Delta Y_{AB}}$$

$$\theta_{AB} = \tan^{-1}\frac{\Delta Y_{AB}}{\Delta X_{AB}} \tag{6-15}$$

应该指出，由式（6-15）求得 θ_{AB} 后，还应根据表 6-6 和图 6-13 按坐标增量 ΔX、ΔY 正负号，最后计算出坐标方位角 α_{AB}。

表 6-6　坐标增量符号与方位角

象限	ΔX	ΔY	坐标方位角
Ⅰ	+	+	$\alpha = \theta$
Ⅱ	−	+	$\alpha = 180° - \theta$
Ⅲ	−	−	$\alpha = 180° + \theta$
Ⅳ	+	−	$\alpha = 360° - \theta$

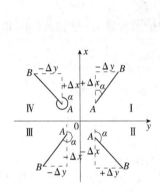

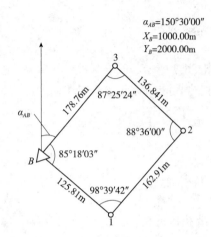

图 6-13　坐标增量符号与方位角　　　　图 6-14　闭合导线

6.3.2.2　闭合导线坐标计算

现以图 6-14 的闭合导线实测数据为例，说明其导线点坐标计算的步骤。根据导线略图，将导线点号、转折角观测值、边长观测值分别填入闭合导线坐标计算表的第 1、2、6 栏，已知坐标方位角和已知坐标数据分别填入第 5、11、12 栏，并用双线标明（表 6-7）。

（1）角度闭合差的计算与调整

由平面几何原理可知，多边形内角和的理论值为：

$$\Sigma \beta_{理} = (n-2) \cdot 180° \quad (6-16)$$

由于角度观测值中不可避免地含有测量误差，实测的 n 个内角之和 $\Sigma \beta_{测}$ 不一定等于其理论值 $\Sigma \beta_{理}$，即为角度闭合差：

$$f_\beta = \Sigma \beta_{测} - \Sigma \beta_{理} \quad (6-17)$$

角度闭合差 f_β 的大小说明测角精度。对于图根导线而言，规范规定其容许角度闭合差为：

$$f_{\beta容} = \pm 60'' \sqrt{n} \quad (6-18)$$

各级导线角度闭合差的容许值见表 6-7。当角度闭合差 f_β 超过其容许值 $f_{\beta容}$ 时，则说明所测角度不符合精度要求，应重新观测。若 $f_\beta \leq f_{\beta容}$，则将角度闭合差反符号平均分配至各观测角，改正后角度之和（内角和）应等于其理论值 $(n-2) \cdot 180°$。

（2）各边坐标方位角的推算

导线各边坐标方位角推算，根据已知坐标方位角及改正后的角度，左角按式（6-10），右角按式(6-11)逐边推算，最后还要推算出起始边的坐标方位角，作为校核。若与已知坐标方位角值不相等，则说明计算过程有误。各边坐标方位角的计算结果，填入表6-7的第5栏。

表6-7 闭合导线计算表

点号	观测角（左角）(° ′ ″)	改正数(″)	改正角(° ′ ″)	坐标方位角α(° ′ ″)	距离D(m)	增量计算值 Δx(m)	增量计算值 Δy(m)	改正后增量 Δx(m)	改正后增量 Δy(m)	坐标值 Δx(m)	坐标值 Δy(m)
1	2	3	4 = 2+3	5	6	7	8	9	10	11	12
B				150 30 00	125.81	−2 −109.50	−4 +61.95	−109.52	+61.91	1000.00	2000.00
1	98 39 42	+13	98 39 55	69 09 55	162.91	−3 +57.94	−4 +152.26	+57.91	+152.22	890.48	2061.91
2	88 36 00	+13	88 36 13	337 46 08	136.84	−3 +126.67	−4 −51.77	+126.64	−51.81	918.39	2214.13
3	87 25 24	+12	87 25 36							1075.03	2162.32
B	85 18 03	+13	85 18 16	245 11 44	178.76	−4 −74.99	−5 −162.27	−75.03	−162.32	1000.00	2000.00
1				150 30 00							
总和	359 59 09	+51	360 00 00		604.3	0.12	+0.17	0.00	0.00		
辅助计算	$\Sigma\beta_测 = 359°59'09''$ $-\Sigma\beta_理 = 60°00'00''$ $-f = -51''$ $f_\beta = \pm 40''\sqrt{4} = \pm 80''$			$f_x = \Sigma\Delta x_测 = +0.12m$ $f_y = \Sigma\Delta y_测 = +0.17m$ 导线全长闭合差 $f_D = \sqrt{f_x^2 + f_y^2} = \pm 0.12m$ 导线全长相对闭合差 $K = \dfrac{0.21}{604.32} \approx \dfrac{1}{2800}$ 图根导线容许的相对闭合差 $K_容 = \dfrac{1}{2000}$							

(3) 坐标增量的计算及其闭合差的调整

①坐标增量的计算：根据导线边的坐标方位角和边长，按式(6-12)计算两点间的纵、横坐标增量 ΔX、ΔY 计算所得的坐标增量填入表5-7的第7、8两栏。

②坐标增量闭合差的计算与调整：由解析几何知，闭合导线纵、横坐标增量代数和的理论值应等于零。

即

$$\left.\begin{array}{l}\Sigma\Delta X_理 = 0\\ \Sigma\Delta X_理 = 0\end{array}\right\} \tag{6-19}$$

实际上，由于测边误差和角度闭合差调整后残余误差的影响，纵、横坐标增量的代数 $\Sigma\Delta X_测$，$\Sigma\Delta Y_测$ 不一定等于零，其不符值即为纵、横坐标增量闭合差 f_x 和 f_y。

即

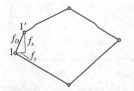

图 6-15 坐标增量闭合差

$$\left.\begin{array}{l}f_x = \sum \Delta X_{测} \\ f_y = \sum \Delta Y_{测}\end{array}\right\} \quad (6\text{-}20)$$

f_x 和 f_y 的几何意义如图 6-15 所示。由于 f_x 和 f_y 的存在,导线不能闭合。将 1-1′ 的长度称为导线全长闭合差 f_D。

$$f_D = \sqrt{f_x^2 + f_y^2} \quad (6\text{-}21)$$

f_D 值的大小还不能显示导线的测量精度,通常,用导线全长闭合差与导线全长 $\sum D$ 之比来表示导线全长相对闭合差,用于衡量导线测量的精度。

即

$$K = \frac{f_D}{\sum D} = \frac{1}{\sum D / f_D} \quad (6\text{-}22)$$

由上式可知,K 值越小,精度越高,即分母越大,精度越高。不同等级的导线全长相对合差的容许值参照表 6-1。若 K 值大于容许值,则说明成果不合格。对此,应首先检查内业计算有无错误,然后再检查外业观测成果。必要时要重测边长或角度,直到符合精度要求。若 K 值不大于 $K_{容}$,则说明符合精度要求,可以进行坐标增量闭合差 f_x 和 f_y 的调整。调整原则是"反符号按边长呈正比例分配"。计算改正数为:

$$\left.\begin{array}{l}V_{x_i} = \dfrac{f_x}{\sum D} D_i \\ V_{y_i} = \dfrac{f_y}{\sum D} D_i\end{array}\right\} \quad (6\text{-}23)$$

调整后,纵、横坐标增量改正数之和应满足:

$$\sum Vx = -f_x \quad \sum Vy = -f_y \quad (6\text{-}24)$$

坐标增量改正为:

$$\left.\begin{array}{l}\Delta X_{改} = \Delta X_{测} + V_x \\ \Delta Y_{改} = \Delta Y_{测} + V_y\end{array}\right\} \quad (6\text{-}25)$$

改正后纵、横坐标增量之和应满足:

$$\sum \Delta X_{改} = 0 \quad \sum \Delta Y_{改} = 0 \quad (6\text{-}26)$$

③导线的坐标计算:根据已知点坐标及改正后坐标增量,由下式依次推算各导线点的坐标。

$$\left.\begin{array}{l}X_{前} = X_{后} + \Delta X_{改} \\ Y_{前} = Y_{后} + \Delta Y_{改}\end{array}\right\} \quad (6\text{-}27)$$

计算出的坐标增量改正数填入表 6-7 第 7、8 栏右上方,各边坐标增量值加上相应的改正数,即得各边的改正后坐标增量,填入表 6-7 中的 9、10 两栏。计算出的纵、横坐标值填入表中 11、12 栏。

最后还应计算出起始点的坐标,其值应与原有的数值相等,否则计算有误。

6.3.2.3 附合导线坐标计算

附合导线的坐标计算步骤与闭合导线相同。由于附合导线不构成封闭的平面几何图形，其角度闭合差与坐标增量闭合差的计算与闭合导线计算有所不同。下面着重介绍其不同点。

(1) 角度闭合差的计算

附合导线如图 6-16 所示，A、B、C、D 为已知高级控制点，坐标方位角 α，按坐标反算公式(6-15)计算，并作为已知值。根据水平角观测值（即导线转折角：左角或右角），可推算出各边相应的坐标方位角。

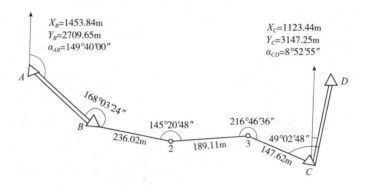

图 6-16　附合导线

如前所述，该例为左角，$\alpha_{CD测}$ 是根据已知坐标方位角 α_{AB} 及式(6-10)推算。即

$$\alpha_{B2} = \alpha_{AB} + 180° + \beta_B$$
$$\alpha_{23} = \alpha_{B2} + 180° + \beta_2$$
$$\alpha_{3C} = \alpha_{23} + 180° + \beta_3$$
$$\alpha_{CD} = \alpha_{3C} + 180° + \beta_C$$
$$\alpha_{CD测} = \alpha_{AB} + 4×180° + \sum\beta_{测}$$

写成一般公式为：

$$\alpha_{CD(终)测} = \alpha_{AB(始)} + n×180° + \sum\beta_{测} \tag{6-28}$$

若导线转折角为右角，则按下式计算：

$$\alpha_{CD(终)测} = \alpha_{AB(始)} + n×180° - \sum\beta_{测} \tag{6-29}$$

附合导线的角度闭合差 f_β 为：

$$f_\beta = \alpha_{CD测} - \alpha_{CD理} \tag{6-30}$$

角度闭合差 f_β 按照"反符号平均分配"的原则进行调整。但应注意，当转折角为左角时，改正数与 f_β 反号；当转折角为右角时，改正数与 f_β 同号。

(2) 坐标增量闭合差的计算

附合导线各边坐标增量代数和的理论值应等于终点和始点的坐标值之差。即

$$\sum\Delta X_{理} = X_{终} - X_{始}$$
$$\sum\Delta Y_{理} = Y_{终} - Y_{始}$$

纵、横坐标增量闭合差为：

$$\left.\begin{array}{l}f_x = \Sigma \Delta X_{测} - (X_{终} - X_{始}) \\ f_y = \Sigma \Delta Y_{测} - (Y_{终} - Y_{始})\end{array}\right\} \qquad (6\text{-}31)$$

附合导线全长闭合差、全长相对闭合差和容许相对闭合差的计算以及坐标增量闭合差的调整，与闭合导线相同。算例计算过程见表 6-8。

表 6-8　附合导线坐标计算

点号	观测角（左角）(° ′ ″)	改正数(″)	改正角(° ′ ″)	坐标方位角 α(° ′ ″)	距离 D(m)	增量计算值 Δx(m)	增量计算值 Δy(m)	改正后增量 Δx(m)	改正后增量 Δy(m)	坐标值 x(m)	坐标值 y(m)	点号
1	2	3	4=2+3	5	6	7	8	9	10	11	12	13
A				149 40 00								
B	168 03 24	-10	168 03 14	137 43 14	236.02	-9 -174.62	-4 +158.78	-174.71	+158.74	1453.84	2709.65	B
2	145 20 48	-10	145 20 38	103 03 52	189.11	-7 -42.75	-4 +184.22	-42.82	+184.18	1279.13	2868.39	2
3	216 46 36	-10	216 46 26	139 50 18	147.62	-5 -112.82	-3 +95.21	-112.87	+95.18	1236.31	3052.57	3
C	49 02 48	-11	49 02 37	8 52 55						1123.44	3147.25	C
D												
总和	579 13 36	-41	579 12 55		572.75	-330.19	+438.21	-330.40	+438.10			
辅助计算	$\Sigma \alpha_{CD}$(已知) = 8°53′36″ $\Sigma \alpha_{CD}$(计算) = 8°52′55″ $f_\beta = -+41″$ $f_{\beta容} = \pm 40″\sqrt{4} = \pm 80″$			$f_x = +0.21$ $f_y = +0.11$ 导线全长闭合差 $= f_D = \sqrt{f_x^2 + f_y^2} = \pm 0.24$m 相对闭合差 $Kf_D = \dfrac{0.24}{\Sigma D} = \dfrac{0.24}{572.75} \approx \dfrac{1}{2300}$ 图根导线容许相对闭合差 $K_容 = \dfrac{1}{2000}$								

6.3.2.4 导线测量错误的检查方法

在导线测量过程中，若发现角度闭合差或全长相对闭合差超过容许值，首先检查内业计算和外业观测手簿，并确认无误后按下述方法判断可能发生错误的地方，再去野外进行重测或检测。

(1) 角度错误的检查方法

对于如图 6-17 所示的闭合导线，当发现角度闭合差超限时，可用下法查找单一错角。首先按边长和角度，用一定的比例尺绘出导线布置图，并在闭合差 1-1′ 的中点作垂线。如果垂线通过或接近通过某导线点(如点 2)，则该点水平角发生错误的可能性最大。若为附合导线，先将两个端点(已知点)展绘在图上，分别自导线的两个端点按边长和角度绘出两条导线,如图 6-18 所示,在两条导线的交点(如点 3)处发生测角错误的可能性最大。如果误差较小,用图解法难以发现产生角度错误的点位时,可从导线的两端开始,分别计算各点的坐标;若某点两个坐标值相近,则该点就是测错角度的导线点。

(2)边长错误的检查方法

在角度闭合差符合要求的情况下,导线相对闭合差大大超限,则可能是边长测错。这时,可先按边长和角度绘出导线图,如图 6-19 所示,然后找出与闭合差 1—1′大致平行的导线边(图中导线边 2—3),则该边发生错误的可能性较大。也可用下式计算闭合差 1—1′的坐标方位角 $\alpha = \arctan(f_y/f_x)$,其坐标方位角与 α 相近的导线边,发生错误的可能性较大。

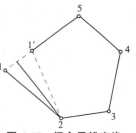

图 6-17 闭合导线查找单一错角

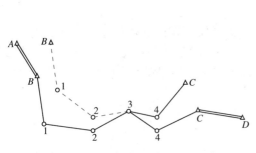

图 6-18 附合导线查找单一错角

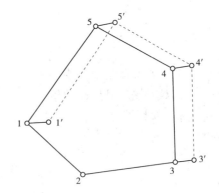

图 6-19 查找单一边长错误

6.4 高程控制测量

○ 任务目标

①掌握三、四等水准测量的基本技术要求及施测过程;
②掌握三角高程测量的原理及施测过程;
③能够应用三、四等水准测量方法进行高程控制测量施测;
④能够采用三角高程测量法进行高程控制测量施测。

○ 任务介绍

本任务主要介绍三、四等水准测量以及三角高程测量。确保能够明确三、四等水准测量的技术要求及施测过程,也能够明确三角高程测量的原理及施测过程。

○ 任务实施

6.4.1 三、四等水准测量的主要技术要求

三、四等水准路线一般沿道路布设,尽量避开土质松软地段,水准点间的距离一般

为2~4km,在城市建筑区为1~2km水准点应选在地基稳固,能长久保存和便于观测的地方。

三、四等水准测量的主要技术要求参照表6-3,观测中每一测站的技术要求见表6-9。

表6-9 三、四等水准测量测站技术要求

等级	视线长度（m）	视线高度（m）	前后视距离差（m）	前后视距累积差（m）	红黑面读书差（尺常数误差）（mm）	红黑面所测高差之差（mm）
三等	≤65	≤0.3	≤3	≤6	≤2	≤3
四等	≤80	≤0.2	≤5	≤10	≤3	≤5

6.4.1.1 观测方法

三、四等水准测量的观测应在通视良好、望远镜成像清晰稳定的情况下进行,若用普通DS_3水准仪观测,则应注意每次读数前都应精平(使符合水准气泡居中)。如果使用自动安平水准仪,则无须精平,工作效率大为提高。以下介绍用双面水准尺法在一个测站的观测程序:

①后视水准尺黑面,读取上、下视距丝和中丝读数,记入记录表(表6-10)中(1)、(2)、(3);

②前视水准尺黑面,读取上、下视距丝和中丝读数,记入记录表中(4)、(5)、(6);

③前视水准尺红面,读取中丝读数,记入记录表中(7);

表6-10 四等水准测量记录表

日期: 年 月 日　　观测者:　　记录者:　　校核者:

测站编号	点号 视距差 $d/\sum d$	后尺 上丝 下丝 视距	前尺 上丝 下丝 视距	方向	中丝读数 后视　前视		黑+K-红（mm）	平均高差（m）	高程（m）
		(1)	(4)	后	(3)	(8)	(14)		
		(2)	(5)	前	(6)	(7)	(13)	(18)	
	(11)/(12)	(9)	(10)	后—前	(15)	(16)	(17)		
1	BM_1~TP_1	1329	1173	后	1080	5767	0	+0.1475	17.438
		0831	0693	前	0933	5719	+1		
	+1.8/+1.8	49.8	48.0	后—前	+0.147	+0.048	-1		17.5855
2	TP_1~TP_2	2018	2467	后	1779	6567	-1	-0.4435	
		1540	1978	前	2223	6910	0		
	-1.1/+0.7	47.8	48.9	后—前	-0.444	-0.343	1		17.142

注:表中所示的(1),(2),…,(18)表示读数、记录和计算的顺序。

④后视水准尺红面，读取中丝读数，记入记录表中(8)。

这样的观测顺序简称为"后—前—前—后"，其优点是可以减弱仪器下沉误差的影响。概括起来，每个测站共需读取 8 个读数，并立即进行测站计算与检核，满足三、四等水准测量的有关限差要求后(表 6-9)方可迁站。

6.4.1.2 测站计算与检核

(1) 视距计算与检核

根据前、后视的上、下视距丝读数计算前、后视的视距：

后视距离：

$$(9) = 100 \times [(1) - (2)]$$

前视距离：

$$(10) = 100 \times [(4) - (5)]$$

计算前、后视距差(11)：

$$(11) = (9) - (10)$$

计算前、后视距离累积差(12)：

$$(12) = 上站(12) + 本站(11)$$

以上计算所得前(后)视距、视距差及视距累积差均应满足表 6-9 要求。

(2) 尺常数 K 检核

尺常数为同一水准尺黑面与红面读数差。尺常数误差计算式为

$$(13) = (6) + K_i - (7)$$
$$(14) = (3) + K_i - (8)$$

K 为双面水准尺的红面分划与黑面分划的零点差(A 尺：$K_1 = 4687$mm；B 尺：$K_2 = 4787$mm)。对于三等水准测量，尺常数误差不得超过 2mm；对于四等水准测量，不得超过 3mm。

(3) 高差计算与检核

按前、后视水准尺红、黑面中丝读数分别计算该站高差：

黑面高差：

$$(15) = (3) - (6)$$

红面高差：

$$(16) = (8) - (7)$$

红黑面高差之误差：

$$(17) = (14) - (13)$$

对于三等水准测量，(17)不得超过 3mm；对于四等水准测量，不得超过 5mm。
红黑面高差之差在容许范围以内时取其平均值，作为该站的观测高差：

$$(18) = \{(15) + [(16) + 100\text{mm}]\}/2$$

上式计算时，当(15) > (16)，100mm 前取正号计算；当(15) < (16)，100mm 前取负号计算。总之，平均高差(18)应与黑面高差(15)很接近。

(4) 每页水准测量记录计算校核

每页水准测量记录应作总的计算校核。

高差校核：

$$\sum(3) - \sum(6) = \sum(15)$$
$$\sum(8) - \sum(7) = \sum(16)$$
$$\sum(15) + \sum(16) = 2\sum(18)（偶数站）$$

或

$$\sum(15) + \sum(16) = 2\sum(18) \pm 100mm（奇数站）$$

视距差校核：

$$\sum(9) - \sum(10) = 本页末站(12) - 前页末站(12)$$

本页总视距：

$$\sum(9) + \sum(10)$$

6.4.1.3 四等水准测量的成果整理

三、四等水准测量的闭合或附合线路的成果整理首先应参照表6-3的规定，检验测段（两水准点之间的线路）往返测高差不符值（往、返测高差之差）及附合或闭合线路的高差闭合差。如果在容许范围以内，则测段高差取往、返测的平均值，线路的高差闭合差则反其符号按测段的长度呈正比进行分配。

6.4.2 三角高程测量

(1) 测量原理

在山区进行高程控制测量时，由于地形复杂，高差较大，作业效率很低，有时甚至难以进行，这时采用三角高程测量方法就较为方便。三角高程测量是根据两点间水平距离和竖直角计算两点的高差，如图6-20所示。已知A点高程为 H_A，经纬仪安置在A点，B点安置观测标志杆，量取标志高 l（即B点桩顶到标志杆观测点的高度）和仪器高 i，望远镜中丝瞄准观测标志杆的观测标志（或读数），测得竖直角 θ；根据两点间水平距离 D_{AB}，计算A、B两点间高差如下：

$$h_{AB} = D_{AB} \cdot \tan\theta + i - l \tag{6-32}$$

则B点的高程为：

$$H_B = H_A + h_{AB} \tag{6-33}$$

当两点间距离大于300m时，在式(6-32)中应考虑地球曲率和大气折光对高差的影响。

地球曲率改正：

$$C = \frac{D^2}{2R} \tag{6-34}$$

大气折光改正：

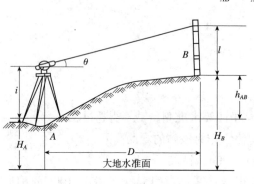

图6-20 三角高程测量原理

$$\gamma = -0.14\frac{D^2}{2R} \tag{6-35}$$

两者合并影响为：

$$f = C + \gamma = (1 - 0.14)\frac{D^2}{2R} = 0.43\frac{D^2}{2R} \tag{6-36}$$

当水平距离等于 300m 时，f=6mm。可见，这种影响需要考虑。对于三、四等高程控制测量，一般应进行对向观测，即由 A 点观测 B 点（正向观测），再由 B 点观测 A 点（反向观测），取对向观测的正反向观测高差绝对值的平均值，可以消除或削弱地球曲率和大气折光的影响。

（2）观测与计算

三角高程测量中，竖直角观测的测回数及限差见表 6-11。其往、返观测与计算步骤介绍如下：

①安置经纬仪于测站，量取仪器高 i 及观测标志高 l，读数至 0.5cm，两次量取读数的差值不超过 1cm，取平均值（精确至厘米）记入表 6-12。

②用经纬仪望远镜的横丝瞄准目标，使竖盘指标水准管气泡居中，读取竖盘读数，盘左、盘右观测为一测回。

③高差和高程的计算按式（6-32）及式（6-33），由于本例水平距离大于 300m，要顾及 f 对高差的影响。计算步骤见表 6-12。

三角高程测量测定控制点的高程时，应组成闭合或附合的三角高程路线，每边均要进行对向观测。由对向观测所求得的高差平均值，组成环线或路线的高差闭合差不得超过容

表6-11　竖直角观测测回数及限差

等级	项　目			
	四等和一、二级小三角		一、二、三级导线	
	DJ_2	DJ_6	DJ_2	DJ_6
测回数	2	4	1	2
测回间竖直角互差	15	25	15	25

表6-12　三角高程测量计算

起算点 A 高程（m）	214.34	
过程	往	返
水平距离 D(m)	581.38	581.38
竖直角 θ	11°38′30″	−11°24′00″
仪器高 i(m)	1.44	1.49
目标高 l(m)	2.50	3.00
两差改正 f(m)	0.02	0.02
高差（m）	118.74	−118.72
平均高差（m）	118.73	
待定点 B 高程（m）	333.07	

许值。即

$$f_{容} = \pm 0.05\sqrt{2D^2} \text{ (mm)} \tag{6-37}$$

式中：D——水平距离，km。

当高差闭合差小于或等于容许值时，则按边长成正比例反符号分配的原则，计算改正后的高差，然后根据起点高程计算各侍定点的高程。

早期的全站仪，仅能进行边、角的数字测量。后来，全站仪有了放样、坐标测量等功能。现在的全站仪有了内存、磁卡存储，有了 DOS 操作系统。目前，有的全站仪在 Windows 系统支持下，实现了全站仪功能的大突破，使全站仪实现了电脑化、自动化、信息化、网络化。

全站仪的种类很多，精度、价格不一。衡量全站仪的精度主要包含测角精度和测距精度两部分：一测回方向中误差从 0.5″到 0.6″不等，测边精度从 1+1ppm 到 10+2ppm 不等。本章以生产中较为常用的 SET230 系列全站仪为例说明全站仪的基本结构与功能。

6.5 全站仪及其在控制测量中的应用

○ 任务目标

①掌握全站仪的功能及使用方法；
②了解全站仪在控制测量工作中的应用；
③能够使用全站仪测距、测角、测坐标。

○ 任务介绍

本任务主要介绍全站仪的功能及使用方法。确保能够使用全站仪测距、测角、测坐标，并明确如何将全站仪应用到控制测量工作中。

○ 任务实施

6.5.1 全站仪的功能与使用

全站仪的功能比较全面，几乎包括地面测量的所有工作，例如，各种地面控制测量（导线测量、交会定点、三角高程测量）、地形测量的数据采集、工程测量的施工放样和变形观测等。

全站仪的使用可分为观测前的准备工作、角度测量、距离（斜距、平距、高差）测量、三维坐标测量等。角度测量和距离测量属于最基本的测量工作，坐标测量一般用得最多。不同精度等级和型号的全站仪的使用方法大体上相同，但细节存在差别，因为各种型号的全站仪都有本身的功能菜单系统（主菜单和各级子菜单）。下面介绍 SET230R 全站仪的主要功能及其使用方法。

SET230R 全站仪的外形和操作面板如图 6-21 和图 6-22 所示。标称测角精度为 ±2″，标称测距精度为 $\pm(2+2\times10^{-6} \cdot D)$ mm，在 250m 以内可以"免棱镜测距"。基本测量功能有角度测量、距离测量和坐标测量等；高级测量功能有放样测量、后方交会、偏心测量、对边测量和悬高测量等；有测量数据记录和输入、输出功能。

6.5 全站仪及其在控制测量中的应用

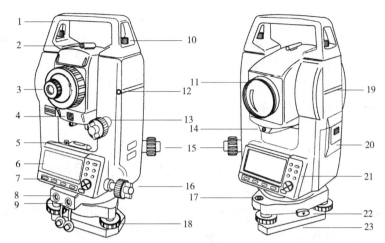

1.提柄；2.瞄准器；3.目镜；4.指示光显示器；5.平盘水准管；6.显示屏；7.软键；
8.外接电源插口；9.数据输入输出插口；10.提柄固紧螺丝；11.物镜；12.无线遥控器接收点；
13.垂直微动螺旋；14.指示光发射器；15.光学对中器；16.水平微动螺旋；17.圆水准器；
18.脚螺旋；19.仪器高标志；20.电池护盖；21.操作面板；22.基座制动控制杆；23.底板。

图 6-21　SET230R 全站仪

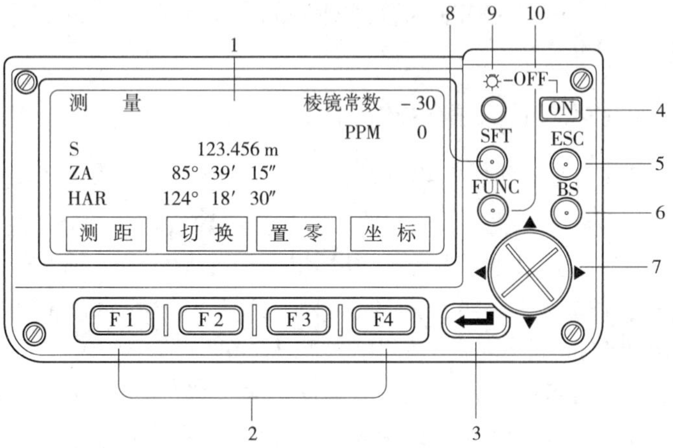

1.显示屏；2.软键；3.回车键（输入键）；4.电源开关；5.退回或取消键；
6.删除键；7.光标移动键；8.大小字母转换键；9.照明键；10.功能转换键。

图 6-22　SET230R 的显示屏和操作键

6.5.1.1　SET230R 全站仪的显示屏和操作键

(1) 显示屏

显示屏和操作面板如图 6-22 所示，图上共有 6 行，每行 20 个字符。第一行为标题行，显示本次操作的主要内容。第 6 行为功能菜单行，显示主菜单、子菜单和菜单项的名称。中间几行显示已知数据、观测数据以及供选择的功能菜单等。当进行角度和距离测量时，屏幕是上角显示凌静常数（及加常数）、气象改正等得常乘数的百万分率(ppm)、电池余量、双轴倾斜改正、棱镜类型、激光发射等数据和信息。

(2) 开机、关机和照明键

单独按电源开关键(ON)为开机，与照明键同时按下为关机。当外界光线不足时，可按照明键显示屏和望远镜种的十字丝分划板，在按一下为关闭照明。

(3) 功能键

显示屏最下一行(F1~F4)为功能键,又称软件键(简称软键),与显示屏的功能菜单行相对应,按下即为选中该菜单或执行某项功能。

(4) 控制、移动、回车键

操作面板右部靠上方的五个键总称为控制键,其中,"ESC"(escape)为退出键。由于菜单的层层调用,屏幕显示也层层深入,如果要退回到上一层次的显示屏,则可用 ESC 键。"FUNC"(function)为功能变换键。显示屏的功能菜单行一次可安排 4 个菜单项,称为一页,共有 3 页(P1,P2,P3)。仪器的功能主菜单共有 22 个菜单项,可选其常用的 12 项安排在 3 个页上,如图 6-22 所示显示屏的功能菜单行显示的 4 个菜单项为第 1 页(P1),需要变换为 P2,P3 则是 FUNC 键。"SFT"(shift)为转换键,用于同一个输入键需要输入数字或字母时的功能转换。"BS"(back space)为退格键,用于取消左边的一个数字或字母,可连续使用以消去一个输入错误的字符串。

操作面板右下部圆盘形为光标移动键,其上、下、左、右有三角形箭头指示,按圆盘的上下指示部分,可使光标在上、下行移动;按圆盘的左、右指示部分,可使光标在一行中左、右移动,用于菜单项选定或输入数据的修改。回车键用于功能选项的确认或输入数据和字符串的确认。

6.5.1.2 SET230R 的功能菜单结构

SET230R 全站仪将其全部功能划分为测量模式、配置模式、菜单模式、记录模式和内存模式,形式功能菜单结构,如图 6-23 所示。从"状态屏幕"按功能键分别进入"测量模式""配置模式"或"内存模式";再从"测量模式"按功能键分别进入"菜单模式"或"记录模式"。

各种全站仪都有类似于图 6-23 所示的表示如何应用仪器全部功能的"功能菜单结构框图",或称为"菜单树"(menu tree),是调用仪器功能的"路径",若要掌握仪器的使用,这是必须了解的。全站仪有各种级别和用途,因此,菜单树也有内容繁简和层次多少之分。

SET230R 全站仪的下列常用功能设优先置于显示屏各页(P1,P2,P3)的功能键模块,其功能如下:

P1
- 【距离】——距离测量,显示测得距离值:斜距、平距、垂距(高差);
- 【切换】——距离测量后,斜距、平距、垂距的切换显示;
- 【置零】——水平度盘读数设置为 0°00′00″;
- 【坐标】——测定目标点得三维坐标,用于地形测量时的细部点测定。

P2
- 【菜单】——进入菜单模式,其中有后方交会、悬高测量、面积计算等;
- 【倾斜】——显示电子气泡和纵横方向的倾斜角,用于精确置平仪器;
- 【方位角】——设置水平度盘的方位角值(水平度盘定向);
- 【改正】——进入电子测距的参数改正设置,如棱镜常数、气象改正等。

P3
- 【对边】——对边测量(测定两个目标点间的斜距、平距和高差);
- 【偏心】——偏心测量,用于不能直接放棱镜的点位的距离和角度测量;
- 【记录】——将测量数据、测站数据等记入当前工作文件;
- 【放样】——进入放样测量屏幕,进行各种放样工作。

6.5 全站仪及其在控制测量中的应用

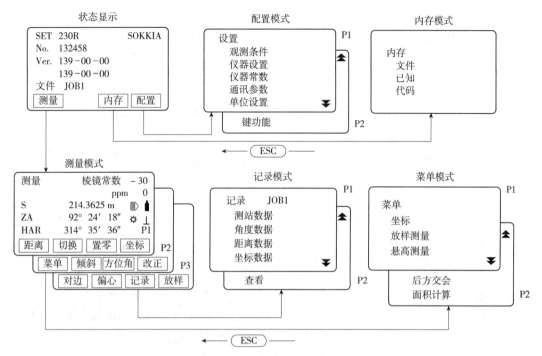

图 6-23　SET230R 全站仪功能菜单结构框图

其他还有 10 种功能，通过按状态屏幕的"配置"功能键将其纳入配置模式屏幕，选取"键功能"菜单项，选取某几项设置于 P1,P2 或 P3 的"功能键"模块，以取代其中原有的某项功能。

"配置模式"中得"设置"菜单是用于设置仪器的各项参数，是仪器功能的配置（configuration）。仪器出厂时是按最常用的方式来配置，用户如果有特殊需要，可以通过设置屏幕的菜单改变原有配置。例如，在菜单"观测条件"项下，有气象改正（气温、气压/气温、气压、湿度），垂直角格式（天顶距/高度角）和双轴倾斜改正（对水平角和垂直角改正/不改正）等选项，括弧中第一项为仪器原有设置，均符合一般要求，不需改变。但是也有需要设置的，例如，角度值最小显示（1/0.5），距离值最小显示（1mm/0.1mm）和距离值优先显示（斜距/平距/高程差）等

"内存模式"中得"内存"菜单有"文件""已知""代码"项。"文件"用于选取当前工作文件，更改文件名，删除文件等。"已知"用于输入已知数据，如测站点，后视点，放样点的坐标。"代码"用于输入属性码，如点的属性等。

6.5.1.3　SET230R 观测前的准备工作

将经过充电后的电池盒装入仪器，在测站上安置脚架，连接仪器，并按圆水准器将仪器进行初步的对中和整平。在操作面板上按 ON 键打开电源，仪器进行自检。整平完毕，屏幕显示测量模式[图 6-24(a)]。如果此时仪器置平未达到要求，则度盘读数行显示"超出"警告[图 6-24(b)]，应根据水准管气泡重新整平仪器并检查对中情况。在仪器置平精度要求比较高时，可利用电子水准器的显示以置平仪器。

第6章 小地区控制测量

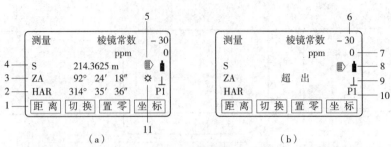

(a)　　　　　　　　　　　　(b)

1.功能键；2.水平度盘读数；3.垂直度盘读数（天顶距）；4.斜距；5.目标类型（棱镜）；
6.棱镜常数；7.气象改正值；8.电池量；9.倾斜补偿；10.显示屏页次；11.激光指示功能（开）。

图 6-24　测量屏幕

6.5.1.4　SET230R 的角度观测

全站仪开机后进入测量屏幕，从测站 S 瞄准左目标 L 的觇牌中心，按"置零"键使水平度盘读数为 0°00′00″（对此并非必要，仅为便于计算），天顶距读数为 88°45′36″，屏幕显示如图 6-25(a)所示；转动照准部瞄准右目标 R，水平度盘读数为 126°13′45″，天顶距读数为 91°24′18″，如图 6-25(b)所示。由于起始方向已归零，因此，盘左测得的水平角为 $\beta = 126°13′45″$。如果起始方向未归零，则按两个方向未归零，则按两个方向的读数差得到水平角。

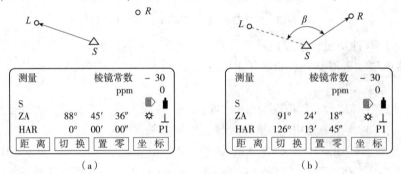

(a)　　　　　　　　　　　　(b)

图 6-25　角度测量屏幕

6.5.1.5　SET230R 的距离和角度测量

(1) 距离测量参数设置

进行电子测距(EDM)之前，应先完成以下 4 项参数的设置：测距模式、棱镜常数改正数（反射器类型和常数）、气象改正值、距离测量模式，总称为"EDM 参数设置"。参数设置的方法为：在测量模式屏幕第 2 页，按"改正"功能键，进入"EDM"参数设置屏幕（共 2 页），如图 6-26 所示。设置参数用光标上下移动键选取，参数的选项光标左右移动键选取。

图 6-26　距离测量参数设置屏幕

参数设置的名称及其选项如下：

"测距模式"的选项：棱镜，反射片，无棱镜。

"棱镜常数"的设置：一般的棱镜常数为 -30(mm)，反射片常数为 0，用数字键输入。

"长按照亮键"(是指有指示光功能的全站仪)：发射视准轴方向的指示光，有 3 个亮度等级可供选择。

"ppm"(气象改正)：是按输入"温度"和"气压"值而自动计算其改正值。仪器是按温度为 15°，气压为 1013hPa 时气象改正数为"0"ppm 设计的(即气温 15°，气压 1013hPa 时，ppm=0 为默认值)。一般在高精度的长距离测量时才需要进行气象改正，此时按"编辑"功能键，输入观测时刻测定的温度和气压。不顾及气象改正时，按"0 ppm"功能键，将气象改正数设置为零(恢复为默认值)。

(2) 距离和角度测量

照准目标中心，进行距离测量时，竖盘的天顶距读数和水平度盘读数同时显示，因此，距离和角度测量是同时进行的。若测距参数已按观测条件设置好，即可开始测量距离。例如，设测距模式选择为"单次精测"，距离优先显示为"斜距"，如图 6-27(a)所示。照准目标后按"距离"功能键，开始距离测量，屏幕闪烁显示测距信息(棱镜常数、测距模式、气象改正)，如图 6-27(b)所示。若"测距模式"设置为"单次精测"，则距离测量完成时，仪器发出一声鸣响，屏幕显示测距(S)，天顶距(ZA)，水平方向值(HAR)，如图 6-27(c)所示。

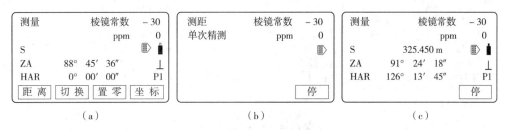

图 6-27 距离和角度测量屏幕

如果测距模式选择为"精测均值"，即多次精测斜距 S-1，S-2，…取平均值 S-A，则按"距离"功能键后，屏幕依次显示各次测得的斜距，完成所指定的测距次数后，屏幕显示各次所测得距离的平均值。如果测距模式选择为"重复精测"，则每完成一次测距后即显示距离值，并不断重复测距和显示，直至按"停"功能键时才停止观测。

完成距离测量后，按"切换"功能键可以使距离值在斜距(S)，平距(H)，垂距(V)之间变换显示。

6.5.1.6 SET230R 的三维坐标测量

全站仪的三维坐标测量功能主要用于地形测量的数据采集(细部点坐标测定)。根据测站点和后视点(定向点)的三维坐标或至后视点的方位角，完成测站的定位和定向；按极坐标法测定测站至待定点的方位角和距离，按三角高程测量法测定至待定点的高差，据此计算待定点的三维坐标，并可将其储存于内存文件。坐标测量的步骤如下：

(1) 指定工作文件

SET230R 的内存中共有 10 个工作文件(JOB)可供选用,文件的原始名称为 JOB01,JOB02,…,JOB10,可以按需要更改文件名称。可以选取任何一个文件作为"当前文件",用于记录本次测量成果。在"测量模式"屏幕按 ESC 键退回到"状态屏幕",按"内存"功能键进入"内存模式"屏幕,选取"文件"选项,使显示"当前文件选取屏幕(图 6-28)。工作文件名右面的数字

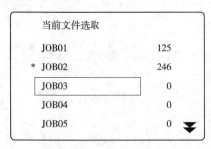

图 6-28 选取工作文件

表示文件中已存储的记录数,工作文件名左面有"﹡"号则表示该文件尚未输出到计算机等外部设备。将光标移至选取的工作文件(如 JOB03),按"回车键"确认。

(2) 测站数据输入

开始三维坐标测量之前,须先输入测站点坐标、仪器高和目标高,将这些数据记录在当前文件中。方法如下:在"测量模式"屏幕按"坐标"功能键,进入"坐标测量"屏幕,选取"测站坐标"后显示测站数据输入屏幕(图 6-29)。按"编辑"功能键后,用数字键输入测站点的三维坐标 N0,E0,Z0(即 X_0,Y_0,H_0),仪器高和目标高。每输入一行数据后按回车键,输入安全部数据后按"记录"功能键使其记录,按"OK"键结束测站数据输入,回到"坐标测量"屏幕[图 6-29(c)]。如果测站点坐标在文件中已经存在,则可按"调取"功能键读取。

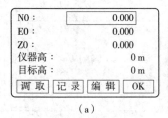
(a)

(b)

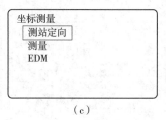
(c)

图 6-29 输入测站数据

(3) 后视方位角设置

从"坐标测量"屏幕选取"测站定向""后视定向""角度定向"直接输入测站至后视点的方位角;或选取"后视"后,按"编辑"输入后视点坐标,如图 6-30(a)所示。按"OK"键,屏幕显示测站点坐标(如果尚未设置测站点坐标,则设置测站点坐标后再按"OK"键)。再按"OK"键,显示"后视定向"屏幕,如图 6-30(b)所示。此时将全站仪照准后视点,按"YES"功能键,显示后视方位角(由测站及后视点坐标计算的方位角,作为检核)。

(4) 细部点三维坐标测量

完成测站数据输入和后视方位角设置(测站的定位和定向)后,可开始细部点的极坐标法三维坐标测量。瞄准目标点,通过对斜距 S,天顶距 ZA 和目标方位角 HAR 的测定,即可计算目标点 P 的三维坐标(N_P,E_P,Z_P),计算公式如下:

6.5 全站仪及其在控制测量中的应用

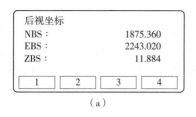
(a)

(b)

图 6-30 设置后视点和坐标方位角

$$N_P = N_0 + S\sin(ZA)\cos(HAR)$$
$$E_P = E_0 + S\sin(ZA)\sin(HAR)$$
$$Z_P = Z_0 + S\cos(ZA) + h_I - h_T$$

式中：h_I——仪器高；

h_T——目标高。

坐标计算由仪器自动完成，显示于屏幕，并能记录于当前工作文件。

三维坐标测量的操作如下：精确瞄准目标点的棱镜中心后（无棱镜测距时直接瞄准目标点），在"坐标测量"屏幕中选择"测量"选项，如图 6-31（a）所示。按回车键后开始坐标测量，在屏幕上显示目标点的三维坐标值，以及瞄准方向的天顶距和方位角值，如图 6-31（b）所示。此时如果按"仪高"功能键，可重新输入测站数据。用同样的方法照准下一目标点，按"观测"功能键进行坐标测量。

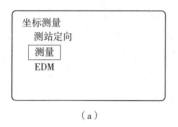
(a)

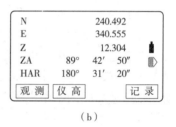
(b)

图 6-31 细部点三维坐标测量

经测量获得的目标点坐标数据[图 6-31（b）]可存储于当前工作文件中。按"记录"功能键进入"坐标记录"屏幕[图 6-32（a）]，在此屏幕中再按"记录"功能键，输入目标点的点号、目标高（如需要改变）、属性码（代码）[图 6-32（b）、（c）]。核实输入数据无误后，按"OK"功能键，存储数据，回到"坐标测量"屏幕，继续下一目标点的观测。

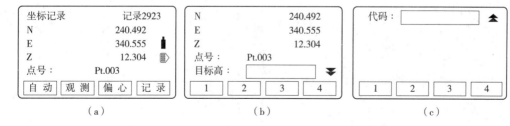

图 6-32 细部点三维坐标数据存储

· 101 ·

6.5.2 全站仪在控制测量中的应用

全站仪以其自动化程度高、速度快,广泛应用于测绘领域的各个环节。全站仪是目前建立常规的平面控制网的首选仪器,根据控制网的等级可选用不同标称精度的仪器,由于可同时进行方向与距离测量,节省了大量的人力、物力。如各种工程控制网的建立、图根控制网的建立等。本节介绍利用全站仪进行导线测量的方法。

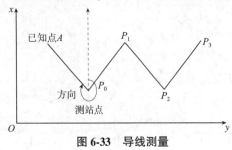

图 6-33 导线测量

导线测量如图 6-33 所示。假设仪器由已知点 P_0 依次移到未知点 P_1、P_2、P_3,并测定各点的坐标,则从坐标原点开始每次移动仪器之后,前一点的坐标在内存中均可恢复出来。具体方法如下:在导线起始点 P_0 安置仪器,并进行测站点坐标设定、输入仪器高、仪器定向等工作,这些操作与坐标测量完全一致,不再重述。

6.6 项目考核

1. 控制测量分为哪两种?常用的平面控制测量形式是什么?
2. 交会法测量有哪两种?
3. 导线为什么要与高级控制网联测?何为连接角、连接边?它们有何作用?
4. 选定导线点的原则是什么?外业工作如何评定测角和量边的精度?
5. 三角高程测量适用于什么条件?有何优缺点?
6. 用全站仪进行导线测量的外业和内业工作都包含哪些主要内容?
7. 试述全站仪数字测图的工作步骤。
8. 试述全站仪的一般程序功能。

第 7 章 地形图的认识与测绘

地形图是指地表起伏形态和地理位置、形状在水平面上的投影图。具体来讲,将地面上的地物和地貌按水平投影的方法(沿铅垂线方向投影到水平面上),并按一定的比例尺缩绘到图纸上,这种图称为地形图。本章项目包括地形图认识和大比例尺地形图测绘两个工作任务。

7.1 地形图认识

○ 任务目标

①理解地形图、比例尺精度、分幅与编号、图名、坐标格网的概念;
②掌握地物、地貌的表示方法;
③掌握地形图矩形分幅的方法;
④能识别各种地物、地貌表示符号;
⑤能进行地形图的分幅与编号。

○ 任务介绍

本任务主要介绍地形图的基本知识。确保能够了解地形图,并对地形图和地形图测绘产生学习热情,激发求知欲。

○ 任务实施

地面上由人工建造的固定物体和由自然力形成的固定性物体(如房屋、道路、河流、桥梁、树林、边界、孤立岩石等)称为地物。地面上主要由自然力形成高低起伏的连续形态(如平原、山岭、山谷、斜坡、洼地等)称为地貌。地物和地貌总称为地形。地形图的测绘就是将地球表面各种固定性的物体以及高低起伏的形态,经过综合取舍,按一定的比例尺和投影方式,用规定的符号测绘在图纸上。

地形图是表示地物、地貌平面位置和高程的正射投影图。用传统地形测量方法测绘的地形图是以图纸(优质图画纸或聚酯薄膜)为载体,将野外实测的地形数据,按预定的测图比例尺,用几何作图的方法,手工缩绘于图纸上。即用图纸保存点位、线条、符号等地形信息。故称为图解地形图,或称为白纸测图。最初的成品为地形原图,然后复印或印刷成纸质地形图,提供给需要者应用。自从电子全站仪和 GPS-RTK 技术广泛应用于地形测量和计算机技术应用于制图领域以来,地形图测绘的方法已改进为野外实测时的自动化数据采集和内业绘图时的计算机辅助成图，简称机助成图。实测数据经过全站仪和计算机的数据通信和计算机软件的编辑处理，将地形信息形成地形图，并以数字形式存储于磁盘或光盘等载体，故按这种图的性质称其为数字地形图或电子地图。

7.1.1 地形图的比例尺

地形图的比例尺反映了用户对地形图精度和内容的要求，是地形测量的基本属性之一。由于用图特点的不同，用图细致程度、设计内容和地形复杂程度也不一样，所以针对不同情况应选用相应的比例尺。属于比较简单的情况，应当采用较小比例尺；对于综合性用图与专业用图，为满足多方面需要，通常提供较大比例尺图；分阶段设计时，通常初步设计选择较小比例尺，两阶段设计合用一种比例尺的，一般多取一种适中的比例尺（1∶1000 或 1∶2000）或按施工设计的要求选择比例尺。此外，建厂规模、占地面积也是选择比例尺的重要因素。小型厂矿或单体工程设计，其用图要求精度不一定很高，但要求较大的图面以能反映设计内容的细部，因此多选用较大比例尺。

7.1.1.1 比例尺的表示方法

图上任一线段的长度与其地面上相应线段的水平距离之比称为地形图比例尺。比例尺的表示形式有数字比例尺和图示比例尺两种。

(1) 数字比例尺

以分子为 1 分母为整数的分数形式表示的比例尺。数字比例尺分子化为 1，分母为一个较大整数 M；M 越小，比例尺越大；M 越大，比例尺越小。

$$\frac{d}{D}=\frac{1}{M}=1:M \tag{7-1}$$

① 大比例尺地形图——1∶500、1∶1000、1∶2000、1∶5000 地形图；
② 中比例尺地形图——1∶1 万、1∶2.5 万、1∶5 万、1∶10 万地形图；
③ 小比例尺地形图——1∶25 万、1∶50 万、1∶100 万地形图。

(2) 图示比例尺

常用的图示比例尺是直线比例尺，如图 7-1 所示。在绘制地形图时，通常在地形图上同时绘制图示比例尺，图示比例尺一般绘于图纸的下方，具有随图纸同样伸缩的特点，从而减小图纸伸缩变形的影响。

7.1.1.2 比例尺的精度

人眼的分辨率为 0.1mm，在地形图上分辨的最小距离也是 0.1mm，因此把相当于图上 0.1mm 的实地水平距离称为比例尺精度。例如，测绘 1∶1000 比例尺的地形图时，其比例尺的精度为 0.1mm×1000=100mm=0.1m。表 7-1 为不同比例尺地形图的比例精度。

表 7-1 大比例尺地形图的比例尺精度

比例尺	1∶500	1∶1000	1∶2000	1∶5000
比例尺的精度(m)	0.05	0.1	0.2	0.5

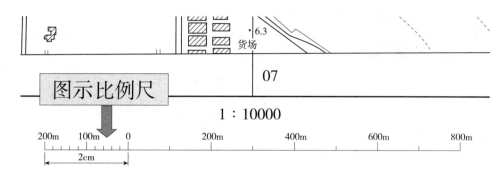

图 7-1 地图上的数字比例尺和图示比例尺

7.1.1.3 地形图比例尺的选择

地形图的比例尺越大,其表示的地物、地貌越详细,精度越高。但是测绘地形图的比例尺越大,所需的测绘工作量就会成倍增加,因此,应该按照实际需要选择合适的测图比例尺,表 7-2 中为在城市和工程建设的规划、设计和施工中,需要的地形图比例尺。

表 7-2 地形图比例尺的选用

比例尺	用 途
1∶10000	城市总体规划、厂址选择、区域布置方案比较
1∶5000	
1∶2000	城市详细规划及工程项目初步设计
1∶1000	建筑设计、城市详细规划、工程施工设计、竣工图
1∶500	

7.1.2 大比例尺地形图图式

地形图图式是表示地形图上表示的各种自然和人工地物、地貌要素的符号和注记的等级、规格和颜色标准、图幅整饰规格,以及使用这些符号的原则、要求和基本方法。一个国家的地形图图式是统一的,属于国家标准,我国当前使用的大比例尺地形图图式是由中华人民共和国国家质量监督检验检疫总局、中国国家标准化管理委员会发布的,2018 年 5 月 1 日实施的《1∶500 1∶1000 1∶2000 地形图图式》(GB/T 20257.1—2017)。图式符号有三类:地物符号、地貌符号、注记符号。

7.1.2.1 地物符号

(1)依比例符号

地物依比例尺缩小后,其长度和宽度能依比例尺用规定的符号表示,如房屋、较宽的道路、稻田、花圃等,表 7-3 列出了部分图式符号。

第7章 地形图的认识与测绘

表7-3 依比例符号

4.3	居民地及设施			
4.3.1	单幢房屋 a.一般房屋 b.有地下室的房屋 c.突出房屋 d.简易房屋 　混、钢——房屋结构 　1、3、28——房屋层数 　—2——地下房屋层数	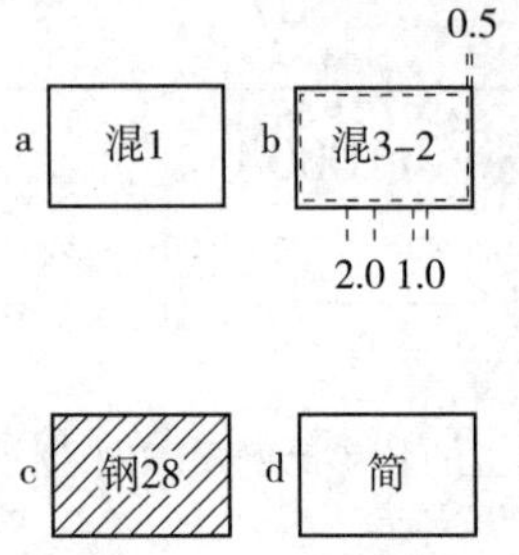 a 混1　b 混3-2　　3 　　　2.0 1.0　　0.5 c 钢28　d 简　　c 28 　　　　　　　　1.0	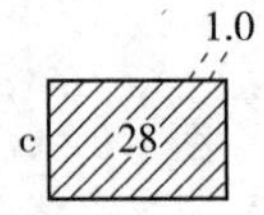	K100
4.3.2	建筑中房屋	建		 K100

(2) 半依比例符号

地物依比例尺缩小后，其长度能依比例尺而宽度不能依比例尺表示的地物符号，如小路、通信线、管道、垣栅等，长度可按比例缩绘，宽度无法按比例表示，表7-4列出了部分图式符号。

表7-4 半依比例符号

4.3.88	栅栏、栏杆	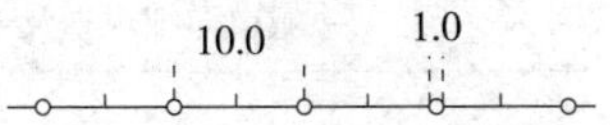 ——○——○—— 10.0　1.0		K100
4.3.89	篱笆	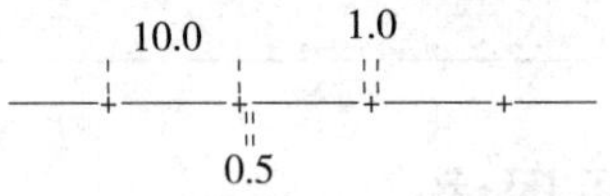 ——+——+—— 10.0　1.0 0.5		K100
4.3.90	活树篱笆	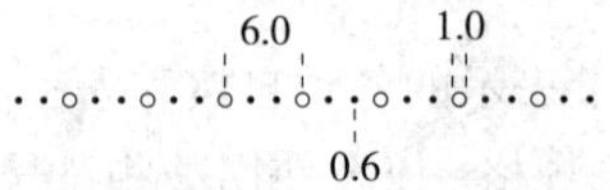 ···○○○··· 6.0　1.0 0.6		K100
4.3.91	铁丝网、电网	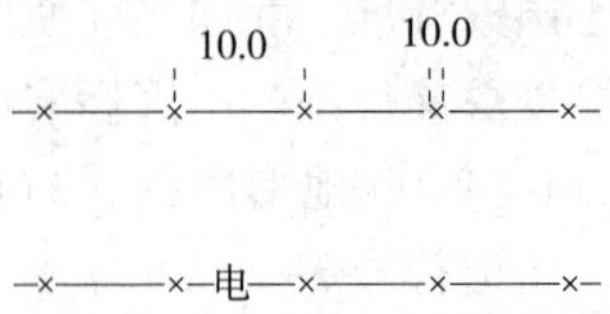 —×—×— 10.0　10.0 —×—电—×—		K100

(3) 不依比例符号

地物依比例尺缩小后，其长度和宽度不能依比例尺表示。因此，不考虑其实际大小，采用规定符号表示，如三角点、导线点、水准点、独立树、路灯等，表7-5列出了部分图式符号。

表 7-5 不依比例符号

编号	符号名称	符号样式		
4.1.3	导线点 a.土堆上的 Ⅰ16、Ⅰ23——等级、点号 84.46、94.40——高程 2.4——比高	2.0 ⊙ $\frac{\text{Ⅰ }16}{84.46}$ a 2.4 ⊕ $\frac{\text{Ⅰ }23}{94.40}$		K100
4.1.4	埋石图根点 a.土堆上的 12、16——点号 275.46、175.64——高程 2.5——比高	2.0 ⌑ $\frac{12}{275.46}$ a 2.5 ⌑ $\frac{16}{175.64}$	2.0 ▫ -0.5 -0.5 1.0	K100
4.1.5	不埋石图根点 19——点号 84.47——高程	2.0 ▫ $\frac{19}{84.47}$		K100
4.1.6	水准点 Ⅱ——等级 京石5——点名点号 32.805——高程	2.0 ⊗ $\frac{\text{Ⅱ 京石5}}{32.805}$		K100

7.1.2.2 地貌符号

地貌是地形图要表示的重要信息之一。地貌形态多种多样，地形图上表示地貌的方法有多种，目前最常用的是等高线法。用等高线表示地貌，既能表示地面高低起伏的形态，又能表示地面的坡度和地面点的高程。

(1) 等高线的定义

等高线是地面上高程相等的相邻各点所连成的闭合曲线。曲线上各点的高程相等。等高线分为首曲线、计曲线、间曲线(表7-6)。

表 7-6 等高线的分类

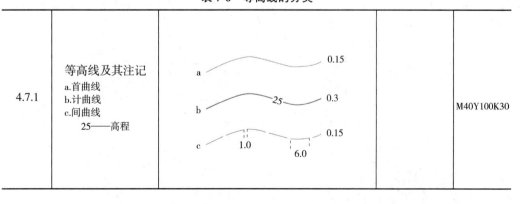

① 首曲线：从高程基准面起算，按基本等高距测绘的等高线，0.15mm 细实线。
② 计曲线：从高程基准面起算，每隔四条首曲线加粗一条的等高线，0.3mm 粗实线。
③ 间曲线：坡度很小的局部区域，用基本等高线不足以反映地貌特征时，按 1/2 基本等高距测绘的等高线加绘一条等高线，间曲线用 0.15mm 宽的长虚线绘制，可不闭合。

(2) 典型地貌的等高线

地貌尽管千姿百态、错综复杂，但其基本形态可以归纳为几种典型地貌，如山顶、山脊山谷、山坡、鞍部，洼地，陡壁等地貌形态，图 7-2 为某一地区综合地貌及其等高线地形图。

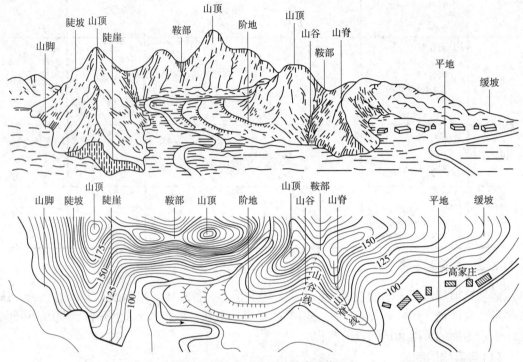

图 7-2　综合地貌及其等高线表示

①山顶和洼地的等高线：图 7-3 所示为山顶的等高线，图 7-4 所示为洼地的等高线。它们投影到水平面上都是一组闭合曲线，但从高程注记可以区分这些等高线所表示的是山顶还是洼地，也可以在等高线上绘示坡线（图 7-3、图 7-4 中等高线的短线），示坡线的方向指向低处，这样也可以区分是山顶还是洼地。

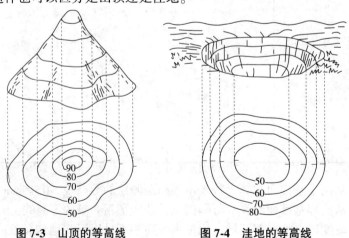

图 7-3　山顶的等高线　　　图 7-4　洼地的等高线

②山脊、山谷和山坡的等高线：山脊的等高线是一组凸向低处的曲线(图 7-5)，各条曲线方向改变处的连接线称为山脊线(图 7-5 中点划线)。山谷的等高线为一组凸向高处的曲线，各条曲线方向改变处的连线称为山谷线(图 7-5 中虚线)。山脊和山谷的两侧为山坡，山坡近似于一个倾斜平面，因此，山坡的等高线近似于一组平行线。在山脊上，雨水必然以山脊线为分界线而流向山脊的两侧，所以，山脊线又称为分水线。而山谷中，雨水必然由两侧山坡汇集到谷底，然后再沿山谷线流出，所以，山谷线又称为集水线。在地区规划及建筑工程设计时，要考虑到地面的水流方向、分水线、集水线等问题。因此，山脊线和山谷线在地形图测绘和地形图应用中具有重要的意义。

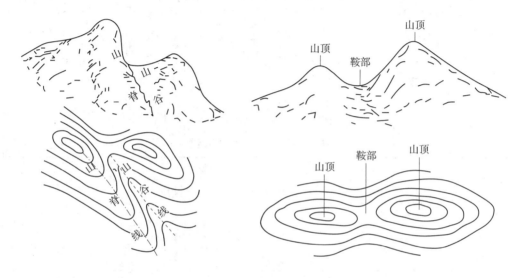

图 7-5　山脊与山谷的等高线　　　　　图 7-6　鞍部的等高线

③鞍部的等高线：典型的鞍部是在相对的两个山脊和山谷的会聚处(图 7-6)。它的左、右两侧的等高线是大致相对称的两组山脊线和两组山谷线。鞍部在山区道路的选线中是一个关节点，越岭道路常须经过鞍部。

④绝壁和悬崖符号：绝壁又称为陡崖，它和悬崖一般是由于地壳产生断裂运动而形成的。绝壁因为有比较高的陡峭岩壁，等高线非常密集，这一部分在地形图上可以用绝壁符号来代替十分密集的等高线。在地形图上近乎直立的绝壁，一般用断崖符号表示，如图 7-7(a)、(b)所示。悬崖为上部凸出而下部凹入的绝壁，若干等高线投影到地形图上会相交，如图 7-7(c)所示，俯视时，隐蔽的等高线用虚线表示。

识别上述典型地貌用等高线表示的方法以后，就基本上能够认识地形图上用等高线表示的负责地貌。

(3) 等高距

地形图上相邻等高线间的高差，称为等高距，用 h 表示。同一幅地形图的等高距应相同，因此地形图的等高距也称为基本等高距。等高距越小，表示的地貌细部越详尽；等高距越大，地貌细部表示就越粗略。但等高距太小会使图上的等高线过于密集，从而影响图面的清晰度。因此，在测绘地形图时，应根据测图比例尺、测区地面的坡度情况，按国家规范要求选择合适的基本等高距(表 7-7)。

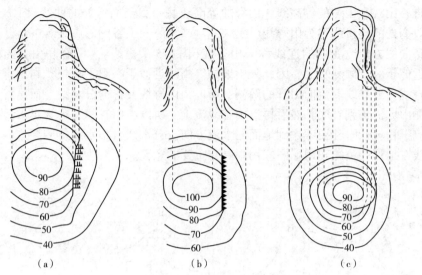

图 7-7　陡崖与悬崖的表示

表 7-7　地形图基本等高距　　　　　　　　　　　　　　　　　　单位：m

地形类别	比例尺			
	1∶500	1∶1000	1∶2000	1∶5000
平坦地	0.5	0.5	1	2
丘陵	0.5	1	2	5
山地	1	1	2	5
高山地	1	2	2	5

(4) 等高线平距

相邻等高线间的水平距离称为等高线平距，用 d 表示，它随地面的起伏情况而变化。相邻等高线间的地面坡度为：

$$i = \frac{h}{d \cdot M} \tag{7-2}$$

同一幅地形图，等高线平距大，地貌坡度小；反之，坡度愈大，如图 7-8 所示。因此，可以根据图上等高线的疏密程度，判断地面的陡缓。

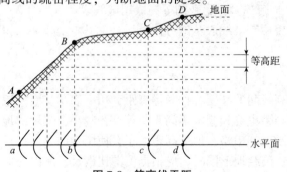

图 7-8　等高线平距

(5) 等高线的特性

①同一条等高线上各点高程相等。

②等高线是闭合曲线，不能中断，如果不在同一幅图内闭合，则必定跨越邻幅或许多幅图后闭合。

③不同高程的等高线一般不能相交，只有在绝壁或悬崖处才会重合或相交。

④等高线经过山脊或山谷时转变方向，因此，山脊线和山谷线应与转变方向处的等高线的切线垂直相交。

⑤在同一幅地形图内，基本等高距是相同的，因此，等高线平距大(等高线疏)表示地面坡度小；等高线平距小(等高线密)表示地面坡度大。

7.1.2.3 注记符号

有些符号除了用相应的符号表示外，对于地物的性质、名称等在图上还需要用文字和数字加以注记，如房屋的结构和层数、地名、路名、单位名、等高线高程、散点高程以及河流的水深、流速等文字说明，称为地形图注记。除地形图注记外还应将一副地形图进行图廓外的注记。对于一幅标准的大比例尺地形图，图廓外应注有图号、图名、接图表、比例尺、图廓、坐标格网和其他图廓外注记等，如图 7-9 所示。

(1) 图号、图名、接图表注记

图号是图幅的编号。图名可采用地名或企事业单位名称。图名选择有困难时，可不注图名，仅注图号。图名为两个字的字隔位两个字，三个字的字隔为一个字，四个字以上的字隔一般为 2~3mm。图号和图名均标注在图幅北图廓上方的中央。接图表绘在图幅外图廓线左上角，表示本图幅与相邻图幅的连接关系，各邻接图幅注上图号或图名，只取一种注出。

(2) 比例尺注记

图幅的外图廓下方的中央均注有地形图的数字比例尺。

(3) 图廓和坐标格网

图廓是图幅四周的范围线，地形图的图廓有内图廓和外图廓之分。内图廓线较细，是图幅的范围线。矩形图幅的内图廓线是坐标格网线，绘有坐标格网短线，图幅内绘有坐标格网相交的短线。外图廓线较粗，是图幅的装饰线。

7.1.3 大比例尺地形图分幅和编号

1∶500、1∶1000、1∶2000 地形图一般采用 50cm×50cm 正方形分幅和 40cm×50cm 分幅，根据需要也可采用其他规格分幅。正方形或矩形分幅的地形图的图幅编号，一般采用图廓西南角坐标千米数编号法，也可选用流水编号法和行列编号法。采用图廓西南角坐标千米数编号时，x 坐标千米数在前，y 坐标千米数在后；1∶500 地形图取至 0.01km(如 10.40~27.75)，1∶1000、1∶2000 地形图取至 0.1km(如 10.0~21.0)。

带状测区或小面积测区可按测区统一顺序编号，一般从左到右，从上到下用阿拉伯数字 1，2，3，4…编定，如图 7-10 中××-8(××为测区代号)。

行列编号法一般以字母(如 A，B，C，D…)为代号的横行由上到下排列，以阿拉伯数

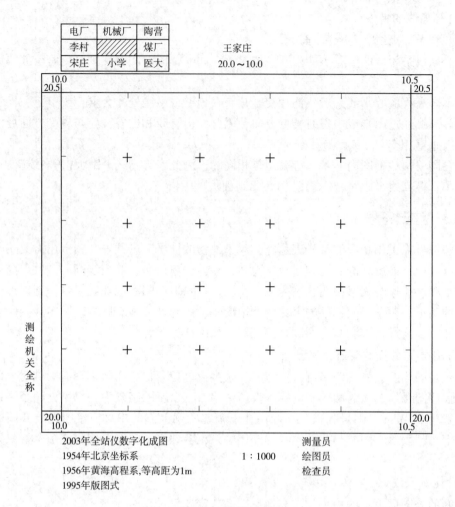

图 7-9 注记符号

图 7-10 带状测区或小面积测区的分幅和编号

字为代号的纵列从左到右排列来编定的。先行后列，如图 7-11 中的 A-4 所示。

1∶2000 地形图以 1∶5000 地形图为基础，按经差 37.5″、纬差 25″进行分幅(图 7-12)，其图幅编号 1∶5000 地形图图幅编号分别加短线，再加顺序号 1，2，3，4，5，6，7，8，9 表示，如图 7-12 中 H49 H 192097-5 所示。

7.2 大比例尺地形图测绘

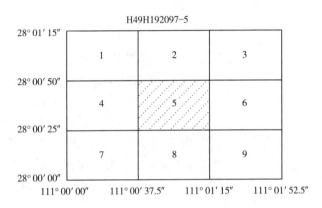

图 7-11 大比例尺地形图的分幅和编号

图 7-12 1∶5000 地形图图幅编号

7.2 大比例尺地形图测绘

○ 任务目标

①掌握地形图测绘前的准备工作内容；
②掌握地形图测绘的基本方法；
③掌握地形图测绘的一般要求；
④能熟练使用经纬仪测量碎部点的水平距离和水平角度；
⑤能绘制地形图。

○ 任务介绍

本任务主要介绍地形图测绘前的准备工作、地形图测绘的基本方法及一般要求。确保能够完成指定区域的地形图测绘任务。

○ 任务实施

地形测图的工作程序，遵循从整体到局部，先控制后碎部的原则，在控制工作完成后，就可以利用测量仪器，依据图根控制点测定地物、地貌特征点的平面位置和高程，并按正射投影方式、规定的比例尺和符号缩绘在图纸上。大比例尺地形图的测绘方法有解析测图法和数字化测图法。解析测图法又分为量角器配合经纬仪测图法、经纬仪联合光电测距仪测图法、大平板仪测图法和小平板仪与经纬仪联合测图法等。数字测图法是用全站仪或 GPS-RTK 采集碎部点的坐标数据，应用数字测图软件绘制成图，其方法有草图法与电子平板仪法两种。

7.2.1 测图前的准备工作

测图前，除应抄录有关测量资料、检校测量仪器及工具准备外，还应进行图纸的准备、绘制坐标格网及展绘控制点工作。

7.2.1.1 图纸准备

目前，作业单位已广泛地采用聚酯薄膜代替图纸进行测图。这种经打毛后的聚酯薄膜。其优点是：伸缩性小，无色透明，牢固耐用，化学性能稳定，质量轻，不怕潮湿，便于携带和保存。清绘的聚酯薄膜原图可不经过照相而直接制版印刷成图，使生产工序简化，缩短了成图周期，提高了功效，降低了成本。若用白纸测图，则需将图纸裱糊于测图板上。测图用的图板通常采用铝板或胶合板作为底板，图板大小有 50×50cm 和 60×60cm 的，板的正面裱糊图纸，以供测图用。

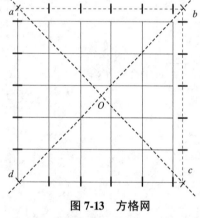

图 7-13 方格网

7.2.1.2 绘制坐标格网

控制点是根据其直角坐标的 x、y 值，先展绘在图纸上，然后到野外测图。为了能使控制点位置绘得比较准确，则需在图纸上先绘制直角坐标格网，又称方格网，如图 7-13 所示。

(1) 格网要求

方格网的大小：40cm×50cm 或 50cm×50cm。

方格的大小：10cm×10cm。

(2) 绘制方法（对角线法）

①画对角线：在图板上用直尺和铅笔轻轻地画两条对角线，设相交于 O 点（图 7-17）。

②取等距 $oa=ob=oc=od$，自 O 点用杠规沿对角线截取相等的长度。

③连接 $abcd$ 成矩形。

④沿各边截取 10cm 等距标记。

⑤连接相应等距标记成方格网。

(3) 精度要求

①将直尺沿方格的对角线方向放置，同一条对角线方向的方格角点应位于同一条直线上，偏离不应大于 0.2mm。

②检查各个方格的对角线长度，其长度与理论值 141.4mm 之差不超过 0.2mm。

③图廓对角线长度与理论值之差不超过 0.3mm。

7.2.1.3 展绘控制点

点的展绘就是把控制点的坐标位置,按比例展绘到图纸上。展点质量的好坏与成图质量有着密切的关系。在展点时,首先确定控制点所在的方格,如图 7-14 所示,控制点 A 的坐标 $x=677.51$m, $y=662.28$m,根据点 A 的坐标知道它在 $lmnp$ 方格内,然后从 m 点和 n 点用比例尺向上量取 75.1m,得到 cd 两点,再从 l、p 向右量 62.28m,得到 ab 两点,ab 与 cd 的交点即为 A 点位置。同法将其他各点展绘在坐标方格网内。

注意:图上量取已展绘控制点间长度,与已知值(由坐标反算长度除以地形图比例尺分母)之差不应超过±0.3mm,否则应重新展绘。当控制点的平面位置绘在图纸上后,还应注上点号和高程。

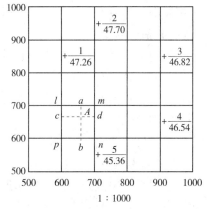

图 7-14 展绘控制点

7.2.2 碎部测量方法

碎部测量工作中,碎部点的选择直接影响地形图测绘的质量。碎部点应选在能反映地物和地貌特征的点位上。

碎部测量方法有极坐标法、角度交会法、距离交会法和距离角度交会法等。测量中使用最多的是极坐标法,它以某一图根点作为测站点(极点),另一图根点作为起始方向(极轴),然后分别照准测站点周围的各碎部点,测定其相对于起始方向的水平角(极角),测定测站点至碎部点的距离(极距),这样就能测定各碎部点的平面位置。若测定天顶距,依据量取的仪器高、目标高,可计算出碎部点的高程。对于隐蔽或不宜观测的地物碎部点,可以依据已测定的碎部点,利用距离交会、角度距离交会等方法进一步测定。因此,书中将重点介绍经纬仪测绘碎部法。

7.2.2.1 经纬仪测绘碎部法

(1)安置经纬仪

观测员在测站点安置经纬仪,量取仪器高 i,然后照准一已知点作为起始点方向,并使水平度盘读数为零或该方向的方位角。

(2)测站检查

将标尺立于第 3 个已知点,照准已知点上竖立的标尺,读取水平度盘读数(即该方向与起始方向所夹的水平角或该方向的方位角)、视距(测站点至照准部的距离)、中丝读数(目标高)和天顶距读数,将观测结果与已知成果比较,其他点检核,角度差不应大于 $4'$,高程差不应大于 1/5 等高距。碎部测量时,只采用盘左位置观测,视准轴误差、指标差不能采用观测手段消除,因此必须对仪器进行严格的检验校正。

(3)观测

立尺员将标尺立于碎部点上,观测员用经纬仪照准碎部点上的标尺,读取水平角(或方位角)、视距、中丝读数和天顶距读数。

注意：①每次读取竖盘读数时应使竖盘指标水准管气泡居中；②观测20多个点后应再次照准起始方向，进行归零差检核，归零差不超过4′。

(4) 展绘碎部点

绘图员根据观测的水平角、计算测站点至碎部点的水平距离和碎部点的高程，用分度规(量角器)展绘碎部点。在分度规上找到与所观测水平角相等的分划线，将此分划线与定向线重合，根据所测水平距离在分度规直径边上截取测站点至碎部点的图上距离，即得碎部点的图上位置。若使用坐标展点器展绘碎部点，应计算碎部点的坐标和高程，在图板上直接按坐标值展绘即得碎部点的图上位置。

(5) 绘制地物和地貌

绘图员边展点边对照实地情况，按照图式规定的符号绘制地物和地貌。地物的绘制应边展点边连线，当一个地物观测完毕，应用完整的地物符号绘制，独立地物在其中心位置用规定的符号绘制。

7.2.2.2 一般地区地形测图

①对建构筑物轮廓凹凸部分，当图上小于0.5mm，或1∶500比例尺图上小于1mm，也即是实地小于0.5m的凹凸部分，可视为一直线，用直线连接表示的规定，主要是基于测图工作量和设计部门使用的考虑而规定的。

②对于一些独立性地物，如水塔、烟囱、杆塔，在图上比较明显、重要而又不能按比例尺表示其外廓形状时，应准确表示其定位点或定位线位置。

③对线路密集的测绘，按选择要点测绘的原则进行。一是保证用户的需要；二是使图纸负载合理，清晰易读。

④对1∶2000、1∶5000比例尺地形图道路及其附属物的测绘，不可能像1∶1000或1∶500地形测图那样详细，如可适当舍去车站范围内的次要附属设施，以突出道路为主要目标。

⑤由于渠和塘的顶部有时难以区分出明显的界线，因此应选择测出其顶部的适当位置，以不对渠、塘的容积大小产生疑义为原则。

⑥其他地貌是指山洞、独立石、土堆、坑穴等。

⑦法定名称是指使用各级主管机关颁布的名称。注记的名称不得自行命名。

⑧为了真实反映实地情况，保证测图精度，使地形图上高程注记点均匀分布，利用视距法测距时，地形点的间距和碎部点测量时的最大视距应符合规范要求(表7-8)。

表7-8 地形点间距及地物点和地形点的最大视距

比例尺	地形点间距(m)	最大视距	
		地物点(m)	地形点(m)
1∶500	15	40	70
1∶1000	30	80	120
1∶2000	50	150	200

注：①1∶500比例尺测图时，在城市建筑区和平坦地区，地物点距离应实量，其最大长度为50m；②山地、高山地物点最大视距可按地形点要求；③采用电磁波测距仪测距时，距离可适当放长。

7.2.3 数字地形图测绘

数字测图(digital survering and mapping,DSM)系统是指以计算机为核心,外连输入输出设备,在硬软件的支持下,对地形数据进行采集、输入、成图、绘图、输出、管理的测绘系统。

随着计算机、地面测量仪器(如全站仪和GPS)等现代仪器的广泛应用,数字化测图软件功能不断增强,DSM正在工程实践中得到快速普及。由于数字成图采用位置、属性与关心三方面的要素来描述存储的图形对象,并提供可传输、处理、共享的数字地形信息于各种管理信息系统(如GIS),因此相对传统人工模拟测图具有很大优势。数字测图使大比例尺测图走向了自动化、数字化,实现了高精度。

7.2.3.1 数字化测图的基本思想

数字化测图以自动采集及存储地形特征点空间坐标及属性库为数据源,在计算机相关硬件、软件模块的支持下,通过对存储的地形特征点空间数据进行处理,得到相关比例数字地图或各种专题地图。广义的数字化测图主要包括:地面数字测图、地形数字化成图、航空数字测图、计算机地图制图。从小范围的局部测量方式看,大比例尺数字化测图是指野外实地测量,即地面数字测图,也称野外数字化测图。针对使用的测量设备及数字化测图流程的不同,数字化测图主要有以下几种方法。

(1)野外采集法

根据成图方式不同,野外采集法又分为草图法和电子平板法。其中电子平板法测图模式与传统的小平板经纬仪测图模式作业过程相似(图7-15),为现测现绘。草图法的作业模式为测记法,即先现场手工草绘出地形示意图,再到室内结合观测数据完成地形图绘制,其基本作业流程如图7-16所示。

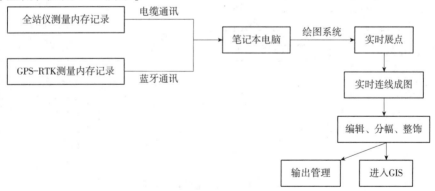

图7-15 电子平板法测图模式

基于草图法的数字化测图系统目前在测图领域使用较为广泛,一般它们都是基于AutoCAD平台开发的,如南方CASS7.1成图系统。

(2)数字化仪法

已有纸质地图,利用图形数字化仪将图纸特征点坐标转换为数字坐标,然后在计算机上借助成图软件得到数字化图。由于采点转换等误差,成图精度低于原始图。数字化仪法流程如图7-17所示。

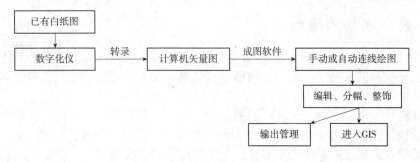

图 7-16 草图法作业模式

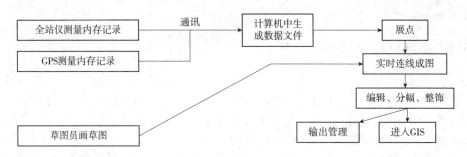

图 7-17 数字化仪法作业流程

(3) 扫描矢量化法

已有纸质地图,借助图像扫描,仪器沿 x 方向扫描,沿 y 方向走纸,图在扫描仪上走一遍,即完成图的扫描栅格化,然后借助人机交互方式或矢量软件将栅格数据转换成矢量数据,经过编辑最终得到数字化图。扫描矢量化法流程如图 7-18 所示。

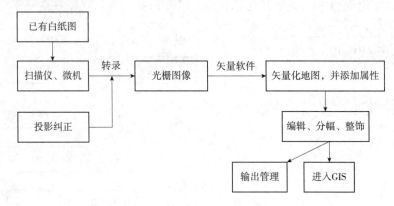

图 7-18 扫描矢量化法作业流程

(4) 航测法(数字摄影测量)

航测法适用于大范围中小比例尺的成图工作,它是利用数字相片媒体,通过数字摄影测量技术,把相片转换成数字地图。随着计算机影像处理技术和数字成像技术的发展,航测法得到的数字地形图已达到大比例尺地形图的精度。航测法基本流程如图 7-19 所示。

从上面介绍的几种方法可以获知,数字测图系统主要由数据输入、数据处理和数据输出三部分组成。其工作流程一般是:地形特征点采集及建库→数据处理与图形编辑→成果与图形输出。归纳数字化测图的基本思想如图 7-20 所示。

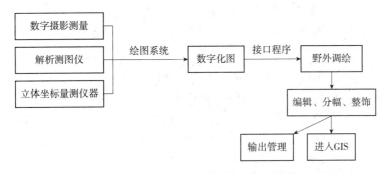

图 7-19 航测法作业流程

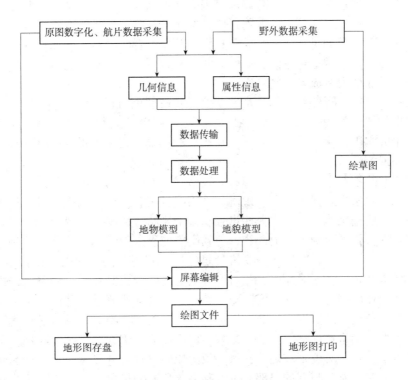

图 7-20 数字化测图的基本思想

7.2.3.2 数字化测图野外数据采集方法

(1) 观测方法

野外数据采集包括控制测量数据采集和碎部点测量数据采集两个阶段。控制测量主要采用导线测量方法和 GPS 测量方法。碎部点测量根据设备不同，可以有以下几种方式。

①全站仪方式：若使用具有存储记忆功能的全站仪，可事先建立好测图文件并事先把如控制点、测图范围等信息传输到全站仪存储器中，碎部点测量数据采集时，根据所使用仪器设备和控制点信息，可以直接采集碎部点的三维坐标或观测值（方向值、竖直角、距离、目标高等），自动或手工记入电子手簿或自动存储在全站仪中，然后传输给计算机。

②GPS-RTK方式：测得数据均为点线面结构，格式简洁，通过接口程序可很方便地将采集的坐标文件引入测图CAD系统，如果有代码，可自动连线成图。

(2) 数据采集

当前，草图法是应用较多的数据采集方法，其包括以下步骤。

①全站仪采点：数据采集之前一般先将作业区已知控制点的坐标和高程输入全站仪（或电子手簿）。草图绘制者对测站周围的地物、地貌大概浏览一遍，及时按一定比例绘制一份含有主要地物、地貌的草图，以便观测时在草图上标明观测碎部点的点号。观测者在测站点上安置全站仪，量取仪器高。选择一已知点进行定向，然后准确照准另一已知点上竖立的棱镜，输入点号和棱镜高，按相应观测按键，观测其坐标和高程，与相应已知数据进行比较检查，满足精度要求后进行碎部点观测。观测地物、地貌特征点时准确照准点上竖立的棱镜，输入点号、棱镜高和地物代码，按相应观测记录键，将观测数据记录在全站仪内或电子手簿中。观测时观测者与绘制草图者及立镜者时时联系，以便及时对照记录的点号与草图上标注的点号是否一致，有问题时要及时更正。观测一定数量的碎部点后应进行定向检查，以保证观测成果的精度。

②现场草图绘制：野外数据的采集，不仅要获取地面点的三维解析坐标(几何数据)，而且还要做地物图形关系的记录(属性数据)，如何协调好两者的关系是本方法的关键。草图法是一种十分实用、快速的测图方法。缺点是不直观，容易出错，当草图有错误时，可能还需要到实地查错。

③草图绘制的注意事项：草图纸应有固定格式，不应该随便画在几张纸上。每张草图纸应包含日期、测站、后视零方向、观测员、绘图员信息，当遇到搬站时，尽量换张草图纸，不方便时，应记录本草图纸内哪些点隶属哪个测站，数据一定要标示清楚。草图绘制时，不要试图在一张纸上画太多的内容，地物密集或复杂地物均可单独绘制一张草图，既清楚又简单。核对点名时，绘图员与观测员每隔一定间隔时间(如每测20点)，应互相核对点号，这样当发现点号不对应时，就可以有效地将错误控制在最近间隔时间内，以便及时更正，防止内业出错。草图配合实际测量数据，结合外业测量的速度，可以分批在计算机上处理，最后把建立的数据文件或图形进行合并及拼接。绘制草图时必须把所有观测地形点的属性和各种测量数据在图上表示出来，以供内业处理、图形编辑时用。草图的绘制要遵循清晰、易读、相对位置准确、比例一致的原则。在野外测量时，能观测到的碎部点要尽量观测，确实不能观测到的碎部点可以利用皮尺或钢尺量距，将距离标注在草图上或利用电子手簿的量算功能生成其坐标。草图示例如图7-21所示。

7.2.3.3 数据的内业处理

对于草图法，数据采集完成后，应进行内业处理。内业处理主要包括数据传输、数据处理和图形输出。其作业流程如图7-22所示。

国内有多种较成熟的数字化测图软件，现介绍南方CASS 7.0，操作界面如图7-23所示。

(1) 数据输入

数据进入CASS都要通过"数据"菜单。一般是读取全站仪数据(图7-24)。还能通过测图精灵和手工输入原始数据来输入。

①将全站仪与电脑连接后，选择"读取全站仪数据"。

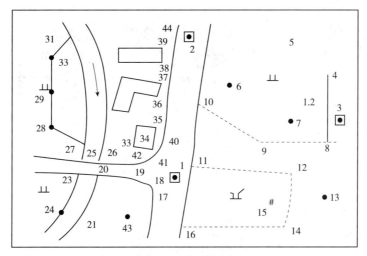

图 7-21 草图示例

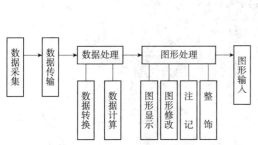

图 7-22 数据内业处理作业流程

图 7-23 南方 CASS 7.0 操作界面

②选择正确的仪器类型。
③选择"CASS 坐标文件",输入文件名。
④点击"转换",即可将全站仪里的数据转换成标准的 CASS 坐标数据。

如果仪器类型里无所需型号或无法通信,先用该仪器自带的传输软件将数据下载。将"联机"去掉,"通信临时文件"选择下载的数据文件,"CASS 坐标文件"输入文件名。点击"转换",也可完成数据的转换。

(2) 绘制地物符号

用户可以根据野外绘制的草图和将要绘制的地物选取适当的命令进行绘制地物(图 7-25)。

(3) 绘制等高线

等高线是在 CASS 中通过创建数字地面模型 DTM 后自动生成(图 7-26),其包括以下几步:

①建立 DTM 模型。
②编辑修改 DTM 模型。
③绘制等高线。

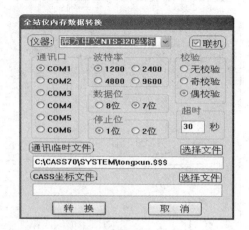

图 7-24 读取全站仪数据

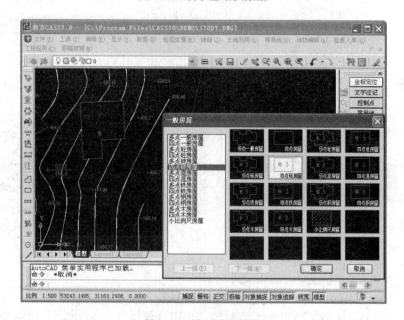

图 7-25 绘制地图符号

④修剪、注记等高线。

(4) 图形数据输出

地形图绘制完毕，可以多种方式输出。

①打印输出：图幅整饰—连接输出设备—输出。

②转入 GIS：输出 Arcinfo、Mapinfo、国家空间矢量格式。

③其他交换格式：生成 cass 交换文件(﹡.cas)。

7.2.4 地形图的拼接、检查和整饰

完成测绘工作之后的地形图，暂不能提交使用，还要经过地形图的拼接、检查、整饰、验收等环节，确认地形图达到规范要求，方可交付使用。

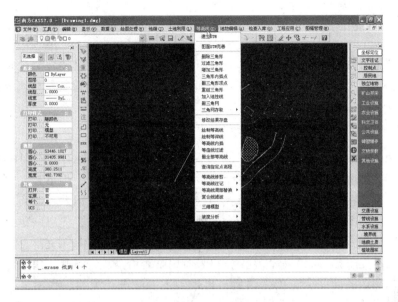

图 7-26 绘制等高线

7.2.4.1 地形图的拼接

传统地形图是分幅施测的,由于测量和绘图误差的影响,使得相邻图幅的连接处的地物轮廓线和等高线不能完全吻合。为了保证相邻图幅的相互拼接,每幅图的四边,一般均须测出图廓 5mm,对地物应测完其主要轮廓角点,直线形地物应多测出一些距离。如果使用的测图是聚酯薄膜,拼接时,将相邻两幅图的聚酯薄膜图纸的坐标的格网对齐,检查接边出地物和等高线的偏差情况,若小于表 7-9 中规定误差的 $2\sqrt{2}$ 倍时,可平均配赋,但应保持地物、地貌相互位置和走向的正确性。超过限差时,则应到实地纠正。如果使用的测图纸是白纸,拼接时用宽 5cm、长 60cm 的透明纸蒙在某幅图的图边上,用铅笔将图廓线、坐标格网线及靠图廓 1.0~1.5cm 宽度内的地物和等高线透绘在透明纸上,同样,将与其接边的相邻图幅边上的地物和等高线透绘在透明纸上,小于限差,平均配赋,如图 7-27 所示。

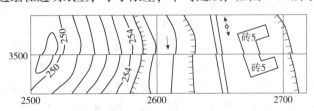

图 7-27 地形图的拼接

表 7-9 图上地物点点位中误差和等高线插求点高程中误差

地区类别	地物点点位中误差(mm)	高程中误差(等高距)			
		平地	丘陵地	山地	高山地
城市建筑区和平地、丘陵地	0.5	1/3	1/2	2/3	1
山地、高山地和旧街坊内部	0.75				

7.2.4.2 地形图的检查

测绘工作是十分细致而复杂的工作。为了保证成果的质量，必须建立合理的质量检查制度。因此，测量人员除了平时对所有观测和计算工作做充分的检核外，还要在自我检查的基础上建立逐级检查制度。

(1) 自检

自检是保证测绘质量的重要环节。测绘人员应经常检查自己的操作程序和作业方法。自检的内容有：所使用的仪器工具是否定期检验并符合精度要求；地形控制测量的成果及计算是否充分可靠；图廓、坐标格网及控制点的展绘是否正确；以及控制点的高程是否与成果表相符等。测图开始前，应选择一个通视良好的测站点设站，先以一远处清晰目标定向，还至少以另一方向检查，并检查高程无误后，才能测图。每站测完后，应对照实地地形，查看地物有无遗漏，地貌是否相像，符号应用是否恰当，线条是否清晰，注记是否齐全正确等。当确认图面完全正确无误后，再迁到下一站进行测绘。测图员要做到随测随画、一站工作当站清、当天工作当天清、一幅测完一幅清。

(2) 全面检查

测图结束后，先由作业员对地形图进行全面检查，而后组织互检和专人检查。检查的方法分室内检查、野外巡视检查及野外仪器检查。

①室内检查：首先是对所有地形控制资料做全面详细检查，包括观测和计算手薄的记载是否齐全、清楚和正确，各项限差是否符合规定，也可视实际情况重点抽查其中的某一部分。原图的室内检查，主要查看格网及控制点展绘是否合乎要求，图上地控点及埋石点数量是否满足测图要求，图面地形点数量及分布能否保证勾绘等高线的需要，等高线与地形点高程是否适应，综合取舍是否合理，符号应用是否合乎要求，图边是否接合等。室内检查可以用蒙在原图上的透明纸进行，并以此为根据决定野外检查的重点与巡视的线路。

②野外巡视检查：巡视检查应根据室内检查的重点按预定的路线进行。检查时将原图与实地对照，查看原图上的综合取舍情况，地貌的真实性，符号的运用，名称注记手否正确等。巡视也要在原图上覆一透明纸，以备修正和记载错误之用。

③野外仪器检查：是在内业检查和外业巡视检查的基础上进行的。除将检查发现的重点错误和遗漏进行补测和更正外，对发现的怀疑点也要进行仪器检查。仪器检查一般用散点法进行，即在测站周围选择一些地形点，测定其位置和高程，检查时除对本站所测地形点重新立尺进行检查外，并注意检查其他测站点所测地形点是否正确。还应利用方向法照准一些突出目标，视其方向是否正确。仪器检查的另外一种方法是断面法，它是沿测站的某一方向线进行，以测定该方向线上各地形特征点的平面位置和高程，然后再与地形图上相应地物点、等高线通过点进行比较。断面法测定点的位置和高程可仍用测图时相同的仪器，也可用钢尺量距，直接水准测定各断面点的高程、检查结果，各项误差应不超过规范所规定的要求。如检查方法与测图方法相同，各项误差应不超过规定的最大误差$\sqrt{2}$倍。

在检查过程中对所发现的错误和缺点，应尽可能予以纠正。如错误较多，应按规定退回原测图小组予以补测或重测。测绘资料经全面检查认为符合要求，即可予以验收。并按质量评定等级。检查验收工作是对成果成图进行的最后鉴定。通过这项工作，不仅要评定其质量，而更重要的是最后消除成图中可能存在的错误，保证各项测绘资料的正确、清晰、完整、真实地反映地物地貌。

7.2.4.3 地形图的整饰

原图经过检查后，应对图幅内所测的各种地物、地貌依据地形图图式符号对其进行整饰，保证地形图内的地物符号表示正确、清楚，等高线表示准确、线条清晰，各种符号注记齐全、正确。最后还要按图式要求进行图廓和图外注记整饰，线条粗细、采用字体、注记大小等均应依照地形图图式的规定。

7.3 项目考核

1. 地形图比例尺的表示方法有哪些？
2. 测绘地形图前，如何选择地形图比例尺？
3. 地物符号分哪几种类型？各有何意义？
4. 典型地貌有哪些类型？其等高线各有何特点？
5. 试述经纬仪测绘碎部法测图在一个测站测绘地形图的工作步骤？

第 8 章 地形图的应用

大比例尺地形图是建筑工程规划设计和施工中的重要地形资料。特别是在规划设计阶段,不仅要以地形图为底图,进行总平面的布设,而且还要根据需要,在地形图上进行一定的量算工作,以便因地制宜地进行合理的规划和设计。本章项目内容包括地形图的阅读与基本应用、地形图的工程应用两项工作任务。

8.1 地形图的阅读与基本应用

○ 任务目标

①掌握阅读地形图的基本知识;
②掌握地形图应用的基本内容;
③能够识别地形图;
④能从地形图上获取足够的信息量。

○ 任务介绍

本任务主要介绍地形图阅读的基本知识及地形图应用的基本内容。确保能够阅读地形图,并掌握地形图的几个基本应用。

○ 任务实施

8.1.1 地形图的阅读

(1)图名和图号

图名即本幅图的名称,是以所在图幅内最著名的地名、厂矿企业和村庄的名称来命名的。为了区别各幅地形图所在的位置关系,每幅地形图上都编有图号。图号是根据地形图分幅和编号方法编定的,并把它标注在北图廓上方的中央(图 8-1)。

(2)接图表

说明本图幅与相邻图幅的关系,供索取相邻图幅时用。通常是中间一格画有斜线的代表本图幅,四邻分别注明相应的图号(或图名),并绘注在图廓的左上方。在中比例尺各种

8.1 地形图的阅读与基本应用

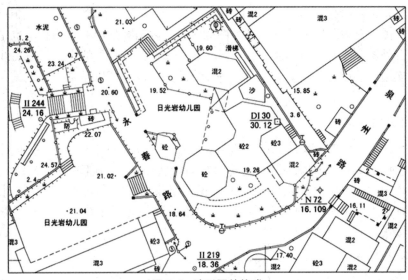

图 8-1 地形图的构成

图上,除了接图表以外,还把相邻图幅的图号分别注在东、西、南、北图廓线中间,进一步表明与四邻图幅的相互关系。

(3) 图廓

图廓是地形图的边界,矩形图幅只有内、外图廓之分。内图廓就是坐标格网线,也是图幅的边界线。在内图廓外四角处注有坐标值,并在内廓线内侧,每隔 10cm 绘有 5mm 的短线,表示坐标格网线的位置。在图幅内绘有每隔 10cm 的坐标格网交叉点。外图廓是最外边的粗线(图 8-2)。

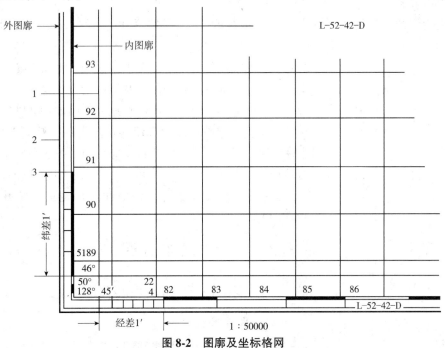

图 8-2 图廓及坐标格网

· 127 ·

在城市规划以及给排水线路等设计工作中，有时需用 1:10000 或 1:25000 的地形图。这种图的图廓有内图廓、分图廓和外图廓之分。内图廓是经线和纬线，也是该图幅的边界线。内、外图廓之间为分图廓，它绘成为若干段黑白相间的线条，每段黑线或白线的长度，表示实地经差或纬差 1′。分度廓与内图廓之间，注记了以千米为单位的平面直角坐标值。

(4) 三北方向关系图

在中、小比例尺图的南图廓线的右下方，还绘有真子午线、磁子午线和坐标纵轴(中央子午线)方向这三者之间的角度关系，称为三北方向图。利用该关系图，可对图上任一方向的真方位角、磁方位角和坐标方位角三者间作相互换算。此外，在南、北内图廓线上，还绘有标志点 P 和 P'，该两点的连线即为该图幅的磁子午线方向，有了它利用罗盘仪可将地形图进行实地定向(图8-3)。

(5) 地形图的识读

正确应用地形图，首先要能看懂地形图。地形图是用各种规定的符号和注记来表示地物、地貌及其他有关资料的。地形图识读的主要目是通过对这些符号和注记的识读，可使地形图成为展现在人们面前的实地立体模型，以判断其相互关系和自然形态。

① 图外注记识读：首先了解测图的成图日期和测绘单位，以判定地形图的新旧；然后了解测图比例尺、测图方法、坐标系统和高程基准、等高距、地形图图式的版本等成图要素。此外，通过成图与测绘单位日期等，也可判别图纸的质量及可靠程度。

② 地物识读：主要是识别城镇及居民点的分布，道路、河流的级别、走向，以及输电线路、供电设备、水源、热源、气源的位置等。

③ 地貌识读：首先判别图内各部分地貌的类别，属于平原、丘陵还是山地，如属山地、丘陵，则搜寻其山脊线、山谷线，即地性线所在位置，以便了解图幅内的山川走向及汇水区域；再从等高线及高程注记，判别各部分地势的落差及坡度的大小等。

在识读地形图时，还应注意地面上的地物和地貌不是一成不变的。由于城乡建设事业的迅速发展，地面上的地物、地貌也随之发生变化，因此，在应用地形图进行规划以及解决工程设计和施工中的各种问题时，除了细致地识读地形图外，还需进行实地勘察，以便对建设用地进行全面正确地了解。

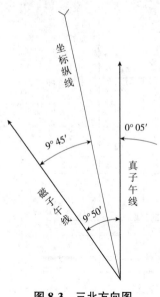

图8-3 三北方向图

8.1.2 用图的基本内容

8.1.2.1 求图上某点的坐标和高程

(1) 确定点的坐标

根据点所在网格的坐标注记，按与距离成比例测量出该点至上下左右格网线的坐标增量(Δx, Δy)，即可得到该点坐标。欲确定图上多点的坐标，首先根据图廓坐标注记和点的图上位置，绘出坐标方格，再按比例尺量取长度（图8-4）。但是，由于图纸会产生伸缩，使方格边长往往不等于理论长度。为了使求得的坐标值精确，可采用乘以伸缩系数的方法进行计算。

(2) 确定点的高程

在地形图上的任一点，可以根据等高线及高程标记确定其高程。如果所求点不在等高线上，则作一条大致垂直于相邻等高线的线段，量取其线段的长度，按比例内插求得。在图上求某点的高程时，通常可以根据相邻两等高线的高程目估确定。根据等高距 h、该点所在位置相邻等高线的平距 d，以及该点与其中一根等高线的平距 d_1，按比例内插得出该点至该等高线的高差 $\Delta h = \dfrac{d_1}{d} h$，即可得到该点高程（图8-5）。

因此，其高程精度低于等高线本身的精度。规范中规定，在平坦地区，等高线的高程中误差不应超过 1/3 等高距；丘陵地区，不应超过 1/2 等高距；山区，不应超过一个等高距。由此可见，如果等高距为 1m，则平坦地区等高线本身的高程误差允许到 0.3m、丘陵地区为 0.5m，山区可达 1m。所以，用目估确定点的高程是允许的。

8.1.2.2 确定图上直线的长度、坐标方位角及坡度

(1) 确定图上直线的长度

①直接量取法：即图解法，用直尺直接在图上量取图上直线的距离，乘以比例尺分母即得图上确定点高程线的实地长度。

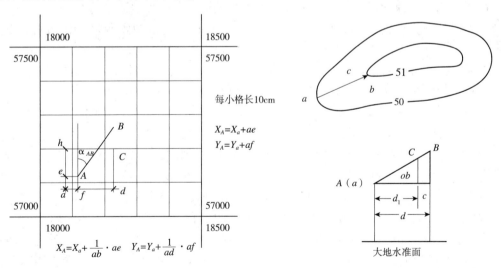

图 8-4 确定点的坐标　　　图 8-5 确定点的高程

②坐标反算法：即解析法，当距离较长时，为了消除图纸变形的影响以提高精度，可用两点的坐标计算距离。即在图上量取直线两端点的纵、横坐标，代入坐标反算公式，计算两点之间的距离。

(2) 确定直线的坐标方位角

①图解法：过直线的起始点作坐标纵轴的平行线，用半圆量角器自纵轴平行线起，顺时针量取至直线的夹角，即得直线的坐标方位角。如图8-6所示，求直线 DC 的坐标方位角时，可先过 D、C 两点精确地作平行于坐标格网纵线的直线，然后用量角器量测直线 DC 的坐标方位角。同一直线的正、反坐标方位角之差应为180°。

②解析法：先求出 B、C 两点的坐标，然后再按下式计算直线 BC 的坐标方位角，当直线较长时，解析法可获得较好的结果。

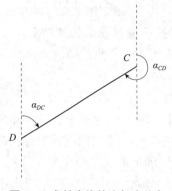

图 8-6 求某直线的坐标方位角

$$\alpha_{AB} = \arctan\frac{y_B - y_A}{x_B - x_A} \tag{8-1}$$

(3) 确定直线的坡度

设地面两点间的水平距离为 D，高差为 h，而高差与水平距离之比称为坡度，以 i 表示，常以百分率或千分率表示。如果两点间的距离较长，中间通过疏密不等的等高线，则式(8-2)所求地面坡度为两点间的平均坡度。

$$i = \frac{h}{D} = \frac{h}{d \cdot M} \tag{8-2}$$

8.1.2.3 按一定方向绘制纵断面图

在各种线路工程设计中，为了进行填挖方量的概算，以及合理确定线路的纵坡，都需要了解沿线路方向的地面起伏情况，为此，常需利用地形图绘制沿指定方向的纵断面图。

纵断面图可以更加直观、形象地反映地面某特定方向的高低起伏、地势变化，在道路、水利、输电线路等工程的规划、设计、施工中具有重要的使用价值。

如图8-7(a)所示，AB 为某特定方向。为绘制其纵断面图，先在地形图上标出直线 AB 与相关等高线的交点 b、c、d、…、p，且沿 AB 方向量取 A 至各交点的水平距离。然后在另一图纸上绘制直角坐标系，横轴代表水平距离 D；纵轴代表高程 H[图8-7(b)]。按 A 至各等高线交点的水平距离，在横轴上据横向比例尺依次展出 b、c、d…p、B 各点；再通过这些点作纵轴的平行线，在各平行线上，据纵向比例尺分别截取 A、b、c、d…p、B 等点的高程，最后将各高程点用光滑曲线连接，即得 AB 方向的纵断面图。

在绘制纵断面图时一般将纵向比例尺较横向比例尺放大 10~20 倍，例如，横向比例尺为 1∶2000，而纵向比例尺则采用 1∶200，这样可以将地势的高低起伏更加突出地表现出来。

8.1.2.4 按限制坡度在地形图上选线

道路、管线工程中，往往需要在地形图上按设计坡度选定最佳路线。如图8-8所示，在等高距为 h、比例尺为 $1∶M$ 的地形图上，有 A、B 两点，需在其间确定一条设计坡度等

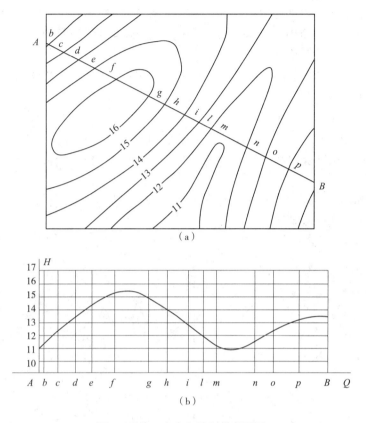

图 8-7 按一定方向绘制纵断面图

于 i 的最佳路线。首先计算满足该坡度要求的路线通过图上相邻两条等高线的最短平距 d：

$$d = \frac{h}{i} \cdot M \tag{8-3}$$

在图上以 A 点为圆心，以 d 为半径画圆弧，交 84m 等高线于 1 号点，再以 1 号点为圆心，以 d 为半径画圆弧，交 86m 等高线于 2 号点，依此类推直至 B 点；再自 A 点始，按同法沿另一方向交出 $1'$，$2'$，…直至 B 点。这样得到的两条线路坡度都等于 i，同时距离也都最短，再通过现场踏勘，从中选择一条施工条件较好的线路为最佳路线。

为了便于选线比较，还需另选一条路线，同时考虑其他因素，如少占农田，建筑费用最少，避开塌方或崩裂地带等，以便确定路线的最佳方案。

如遇等高线之间的平距大于 d，以 d 为半径的圆弧将不会与等高线相交。这说明坡度小于限制坡度。在这种情况下，路线方向可按最短距离绘出。

8.1.2.5 确定汇水面积

在修建大坝、桥梁、涵洞和排水管道等工程时，都需要知道有多大面积的雨、雪水向这个河道或谷地里汇集，以便在工程设计中计算流量，这个汇水范围的面积亦称为汇水面积(或称集雨面积)。

由于雨水是沿山脊线(分水线)向两侧山坡分流，所以汇水范围的边界线必然是由山脊线及与其相连的山头，鞍部等地貌特征点和人工构筑物（如坝和桥）等线段围成。如图 8-9 所示，欲在 A 处建造一个泄水涵洞。AE 为山谷线，泄水涵洞的孔径大小应根据流经该处的水量决定，而水量又与山谷的汇水范围大小有关。从图 8-9 中可以看出，由山脊线 BC、CD、DE、EF、FG、GH 及道路 HB 所围成的边界，就是这个山谷的汇水范围。量算出该范围的面积即得汇水面积。

在确定汇水范围时应注意以下两点：

①边界线（除构筑物 A 外）应与山脊线一致，且与等高线垂直。

②边界线是经过一系列山头和鞍部的曲线，并与河谷的指定断面闭合，如图 8-9 中 A 处的直线所示。

根据汇水面积的大小，再结合气象水文资料，便可进一步确定流经 A 处的水量，从而对拟建此处的涵洞大小提供设计依据。

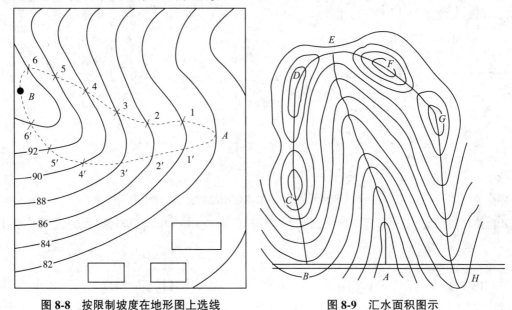

图 8-8　按限制坡度在地形图上选线　　　图 8-9　汇水面积图示

8.2　地形图的工程应用

○ 任务目标

①掌握地形图在工程建设上的应用：面积测定，平整土地中的土石方估算；

②能够应用地形图进行平整土地中的土石方估算；

③能基于地形图进行面积的测定。

○ 任务介绍

本任务主要介绍如何利用测绘的地形图获取工程建设所需要的相关数据。确保能够充分利用地形图所提供的地理信息为工程建设服务。

○ 任务实施

8.2.1 面积测定

在规划设计中，常需要在地形图上量算一定轮廓范围内的面积。下面介绍几种常用方法。

8.2.1.1 图解法量测面积

(1) 几何图形计算法

将平面图上描绘的区域分成三角形、梯形、平行四边形，用直尺量出面积的计算元素。

(2) 透明方格纸法

要计算曲线内的面积，将透明方格纸覆盖在图形上，数出图形内完整的方格数 n_1 和不完整的方格数 n_2（图 8-10）。则面积 P：

$$P = \left(n_1 + \frac{1}{2}n_2\right) \cdot S \tag{8-4}$$

式中：S——小方格的面积。

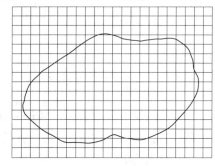

图 8-10 透明方格纸法求面积

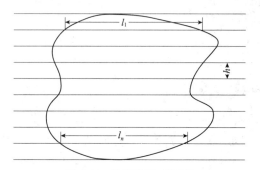

图 8-11 平行线法求面积

(3) 平行线法

将绘有等距平行线的透明纸覆盖在图形上，使两条平行线与图形边缘相切，则相邻两平行线间截割的图形面积可近似视为梯形（图 8-11）。

$$P_1 = \frac{1}{2} \cdot h \cdot (0 + l_1)$$

$$P_2 = \frac{1}{2} \cdot h \cdot (l_1 + l_2)$$

$$\vdots$$

$$P_n = \frac{1}{2} \cdot h \cdot (l_{n-1} + l_n)$$

$$P_{n+1} = \frac{1}{2} \cdot h \cdot (l_n + 0)$$

$$P = P_1 + P_2 + \cdots + P_n + P_{n+1} = h \cdot \sum_{i=1}^{n} l_i \tag{8-5}$$

8.2.1.2 解析法量测面积

如果图形为任意多边形，且各顶点的坐标已在图上量出或已在实地测定，可利用各点坐标解析法量测面积(图8-12)。

面积公式：相邻顶点与坐标轴(x 或 y)所围成的各梯形面积的代数和。

$$P=\frac{1}{2}[(x_1+x_2)(y_2-y_1)+(x_2+x_3)(y_3-y_2)-(x_3+x_4)(y_3-y_4)-(x_4+x_1)(y_4-y_1)] \quad (8\text{-}6)$$

整理成：

$$P=\frac{1}{2}[x_1(y_2-y_4)+x_2(y_3-y_1)+x_3(y_4-y_2)+x_4(y_1-y_3)] \quad (8\text{-}7)$$

写成以下四种形式的通用公式：

$$\left.\begin{array}{l} P=\dfrac{1}{2}\sum\limits_{i=1}^{n}x_i(y_{i+1}-y_{i-1}) \\[4pt] P=\dfrac{1}{2}\sum\limits_{i=1}^{n}y_i(x_{i+1}-x_{i-1}) \\[4pt] P=\dfrac{1}{2}\sum\limits_{i=1}^{n}(x_i+x_{i+1})(y_{i+1}-y_i) \\[4pt] P=\dfrac{1}{2}\sum\limits_{i=1}^{n}(x_i y_{i+1}-x_{i+1}y_i) \end{array}\right\} \quad (8\text{-}8)$$

8.2.1.3 求积仪法

求积仪是一种专门供图上量算面积的仪器，其优点是操作简便、速度快、适用于任意曲线图形的面积量算，且能保证一定的精度。有机械求积仪(mechanical planimeter)和电子求积仪(electronic planimeter)两类。电子求积仪是采用集成电路制造的一种新型求积仪。性能优越，可靠性好，操作简便。如日本生产的X-PLAN360CⅡ，可进行面积、点的坐标、周长等项目的量测。其使用方法：沿边线滚动一圈。在折线段，进入点方式，采集始终点，共2点。在圆弧段，进入圆弧方式，采集始终点及圆弧上一点，共3点。曲线段，进入连续跟踪进入方式，描绘曲线形状(图8-13)。

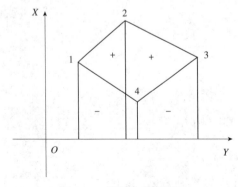

图 8-12　解析法量测面积

图 8-13　电子求积仪

8.2.2 平整土地中的土石方估算

在各项工程建设中,除对建筑工程作合理的平面布置外,往往还要对原地形做必要的改造,以适于布置和修建各类建筑物,便于排除地面水,满足交通运输和地下管线敷设的要求,这种改造称为土地平整。

土地平整是土地开发过程中的重要环节。在农用土地深度整理中,土地平整是其重要的工作内容之一。进行土地平整时,首先要利用地形图,用方格法进行平整土地的土方计算。根据不同的要求,可将土地平整为平面或倾斜面,现分述如下。

8.2.2.1 平整成水平面的土方计算

假设要求将原地貌按挖填土方量平衡的原则改造成平面,其步骤如下:

(1) 平整为水平面,同时要求填、挖方平衡

如图8-14所示,设地形图比例尺为1:1000。欲将方格范围内的地面平整为挖方与填方基本相等的水平场地,可按如下步骤进行:

①在地形图上画出方格。方格的边长取决于地形的复杂程度和土方的估算精度,一般为10m或20m。现取方格边长为20m(图上为20mm)。

②用内插或目估法求出各方格点的高程,并注记于右上角。

③计算场地填/挖方平衡的设计高程。先求出各方格四个顶点高程的平均值,然后将其相加,除以方格数,就得填/挖方基本平衡的设计高程。

也可用加权平均的方法求得设计高程,即

$$H_{设} = \frac{\Sigma H_i \cdot P_i}{4 \cdot 方格数} \tag{8-9}$$

式中:H_i——各方格四个顶点高程;
　　　P_i——高程点的权值(角点的权值为1,边点的权值为2,拐点的权值为3,交点的权值为4)。

经计算,如图8-14所示的设计高程为37.82m。

④用内插法在地形图上描出高程为37.82m的等高线(图8-14中用虚线表示)。此线就是填方和挖方的分界线。

⑤计算各方格点的填(挖)高度:

$$填/挖高度 = 地面高程 - 设计高程$$

正号表示挖方,负号表示填方。填/挖高度填写在各方格点的右下角。

⑥计算填/挖方量。从图8-14看出,有的方格全为挖方或填方,有的方格既有填方又有挖方,因此要分别进行计算。对于全为挖方或全为填方的方格(如方格1全为填方):

$$V_{1填} = \frac{1}{4} \times (-1.66 - 0.49 - 1.71 - 0.52) A_{1填} = \frac{1}{4} \times (-4.38) \times 20 \times 20 = -438.0 \text{m}^3$$

对于既有填方又有挖方的方格(如方格2):

$$V_{2填} = \frac{1}{4} \times (0 + 0 - 0.49 - 0.53) A_{2填} = \frac{1}{4} \times (-1.02) \times 20 \times \frac{1}{2} \times (11 + 9) = -51.0 \text{m}^3$$

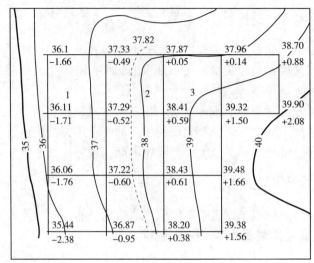

图 8-14 平整为水平面的土方计算图示

$$V_{2挖} = \frac{1}{4} \times (0+0+0.05+0.59) A_{2挖} = \frac{1}{4} \times (0.64) \times 20 \times \frac{1}{2} \times (11+9) = 32.0 \text{m}^3$$

填/挖区的面积 $A_{填}$、$A_{挖}$ 可在地形图上量取。根据各方格填/挖方量，即可求得场地平整的总填/挖方量。本例中，$V_{填} = \Sigma V_{i填} = 1665.7\text{m}^3$，$V_{挖} = \Sigma V_{i挖} = 1679.6\text{m}^3$，填/挖方总量基本平衡。

（2）按设计高程平整为水平面

此种情况的土方计算更为简单。比较上例，可省去设计高程的计算，其余步骤均与上例相同，在此不再复述。在地形图上拟建场地内绘制方格网。方格网的大小取决于地形复杂程度，地形图比例尺大小，以及土方概算的精度要求。例如，在设计阶段采用 1∶500 的地形图时，根据地形复杂情况，一般边长为 10m 或 20m。方格网绘制完后，根据地形图上的等高线，用内插法求出每一方格顶点的地面高程，并注记在相应方格顶点的右上方。

8.2.2.2 平整为倾斜面的土方计算

（1）过地表面三点平整成倾斜面

如图 8-15 所示，要通过实地上 A、B、C 三点筑成一倾斜平面。此三点的高程分别为 152.3m、153.6m、150.4m。这三点在图上的相应位置为 a、b、c。

为了确定填挖的界线，必须先在地形图上做出设计面的等高线。由于设计面是倾斜的平面，所以设计面上的等高线应当是等距的平行线。具体做法如下：

①首先求出 ab、bc、ac 三线中任一线上设计等高线的位置。例如，在 bc 线上用内插法得到高程为 153m、152m 和 151m 的点 d、e、f。

②在 bc 线内插出与 a 点同高程（152.3m）的点子 k，并连接 ak。此线即为在设计平面上与等高线平行的直线。

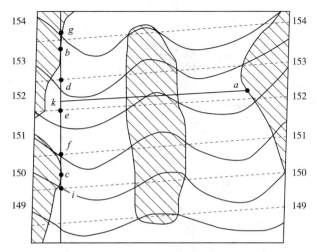

图 8-15 过地表面三点的倾斜面平整

③过 d、e、f 各点作与 ak 平行的直线,就得到设计平面上所要画的等高线。这些等高线在图上是用虚线表示的。

④为得到设计平面上全部的等高线,可在 bc 的延长线上继续截取与 de 线段相等的线段 dg 和 fi,从而得到 g 与 i 点。通过 g、i 两点作 ak 的平行线,即可得出设计平面上的另两条等高线。

⑤定出填方和挖方分界线。找出设计平面上的等高线与原地面上同高程等高线的交点,将这些交点用平滑的曲线连接起来,即可得到填方和挖方分界线。图 8-15 中画有斜线的面积表示应填土的地方,其余部分表示应挖土的地方。

⑥计算填/挖土石方量。每处需要填土的高度或挖土的深度是根据实际地面高程与设计平面高程之差确定的。如在某点的实际地面高程为 151.2m,而该处设计平面的高程为 150.6m,因此该点必须挖深 0.6m。计算出各方格点的填、挖高度以后,即可按平整为水平面的土方计算方法计算填/挖土(石)方量。

(2) 平整为给定坡度 i 的倾斜面

如图 8-16 所示,$ABCD$ 为 60m×60m 的地块,欲将其平整为向 AD、BC 方向倾斜 -5% 的场地,其土(石)方量可按以下步骤计算:

①按照平整为水平场地的同样步骤定出方格,并求出方格点高程及场地平均高程(图 8-16 中 $H_\text{平}=33.4\text{m}$)。

②计算场地平整后最高边线与最低边线高程:

$$H_A=H_B=H_\text{平}+\frac{1}{2}\times(D\times|i|)=33.4+\frac{1}{2}\times(60\times 5\%)=34.9\text{m}$$

$$H_C=H_D=H_\text{平}-\frac{1}{2}\times(D\times|i|)=33.4-\frac{1}{2}\times(60\times 5\%)=31.9\text{m}$$

(8-10)

③绘制设计倾斜面的等高线:

- 根据 A、D 点的高程内插出 AD 线上高程为 32m、33m、34m、35m 的设计等高线的点位。
- 过整 m 数点位作 AB(或 DC)之平行线,即为倾斜面的设计等高线(图 8-16 中虚线)。

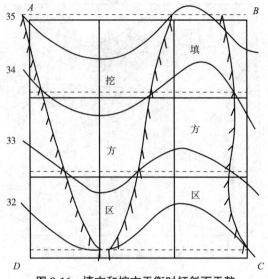

图 8-16 填方和挖方平衡时倾斜面平整

- 设计等高线与原地形图上同名等高线的交点为零填/挖点，连接这些点，即为填/挖方分界线。
- 计算各方格点的设计高程。用内插法各方格点的设计高程，并注于方格顶点右下角。
- 计算各方格点的填/挖高度及土(石)方量。先求出各方格点的地面高程，再依式(8-10)计算各方格点的填/挖高度，然后根据平整为水平面的土方计算方法计算土(石)方量并检核。

(3) 要求按设计高线整理成倾斜面

将原地形改造成某一坡度的倾斜面，一般可根据填、挖平衡的原则，决定设计倾斜面的等高线。但是有时要求所设计的倾斜面必须包含不能改动的某些高程点（称为设计斜面的控制高程点），例如，已有道路的中线高程点；永久性或大型建筑物的外墙地坪高程等。

其附加工作主要有确定设计等高线的平距、确定设计等高线的方向、插绘设计倾斜面的等高线等。

(4) 计算挖、填土方量

与前一方法相同，首先在图上绘方格网，并确定各方格顶点的挖深和填高量。不同之处是各方格顶点的设计高程是根据设计等高线内插求得的，并注记在方格顶点的右下方。其填高和挖深量仍记在各顶点的左上方。挖方量和填方量的计算和前一方法相同。

8.3 项目考核

1. 土石方估算有哪几种方法？各适合哪种场地？
2. 在图 8-17 中完成以下作业：
① 求控制点 $A3$ 和 $A5$ 的坐标。
② 求 $A3$-$A5$ 的距离和坐标方位角。
③ 求水库在图中部分的面积（平行线法）。
④ 绘制方向线 AB 的纵断面图。

8.3 项目考核

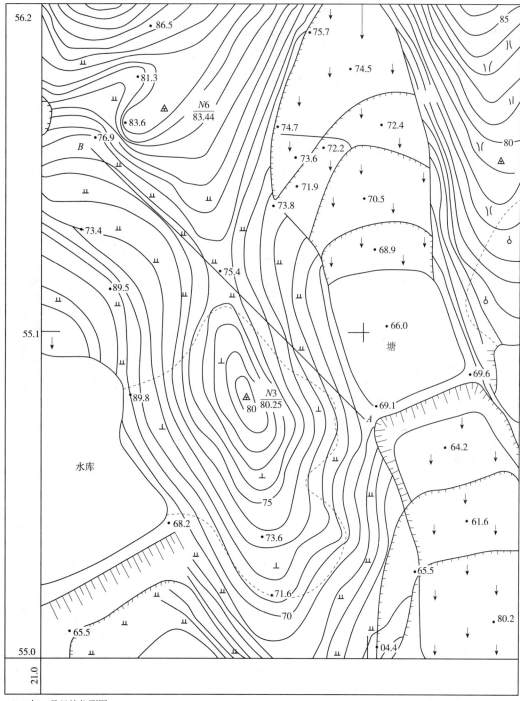

1997年11月经纬仪测图
北京坐标系
1985国家高程基准，等高距1m
1988年版图式

图 8-17 地形图应用考核用图（1）

3. 如图 8-18 所示，地形图比例尺为 1∶1000，虚线范围为规划公路和加油站，其设计高程均为 119.5m，试用方格网法和断面法分别计算此范围内的挖、填方量，并比较这两种方法的特点。

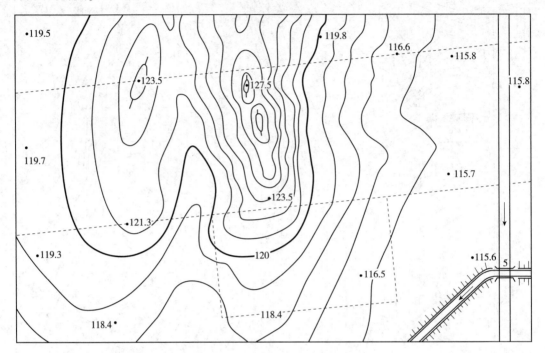

图 8-18 地形图应用考核用图(2)

附录1 测量实验与实习须知

一、测量实验的一般规定

测量学是一门实践性很强的技术基础课，测量实验与实习是测量学教学中不可缺少的环节。只有通过实验与实习，才能巩固课堂所学的基本理论知识，进而掌握测量仪器操作的基本技能和测量作业的基本方法。因此，必须对测量实验与实习予以高度重视。

(1) 实验或实习前，必须阅读《测量学》的有关章节及《测量学实验与实习》的相应项目；必须携带《测量学实验与实习指导书》，以便于参考、记录有关数据和计算。

(2) 实验或实习分小组进行，组长负责组织和协调工作，办理所用仪器、工具的借领和归还手续。

(3) 实验或实习应在规定时间内进行，不得无故缺席或迟到、早退；应在指定的场地进行，不得擅自改变地点。

(4) 必须遵守实验室《测量仪器工具借用规则》，听从教师指导，严格按照实验或实习要求，认真、按时、独立地完成任务。

(5) 测量记录应采用正确书写文字和数字，不可潦草；记录采用2H或3H铅笔，在规定表栏中，应将仪器型号、编号、日期、天气、观测者、记录者、测站和已知数据等填写齐全。

(6) 记录者听取观测者报出读数后，应向观测者回报读数，以免记错。

(7) 记录数字若发现有错误，不得涂改，也不得用橡皮擦拭，而应该用横线划去错误数字，在原数字上方写出正确数字，并在备注栏内注明原因。观测数据的尾数不得更改。记录数据要完整（如水准尺读数1542，度盘读数134°28′06″），不可将零尾数省略。

(8) 应根据观测结果当场做必要的计算，并进行必要的成果检验，以决定观测成果是否合格，是否需要重测。只有在确认无误后，方可搬站或结束。

(9) 数据运算中，按"4舍5入，5前奇进偶舍"的规则进行凑整，如1.2324m、1.2316m、1.2315m、1.2325m等，这些数字若取至毫米位，则均可记为1.232m。

在实验或实习结束时，应把观测记录和实验报告交指导教师审阅。经教师认可后可收拾仪器和工具，作必要的清洁工作，向实验室归还仪器和工具，结束实验。

二、测量仪器使用规则和注意事项

测量仪器的正确使用、精心爱护和科学保养，是从事测量工作的人员必须具备的素质和应该掌握的技能，也是保证测量成果质量、提高测量工作效率、发挥仪器性能和延长其使用年限的必要条件。为此，特制定下列测量仪器使用规则和注意事项，在测量实验或实习中应严格遵守和参照执行。

1. 仪器的携带

携带仪器前,检查仪器箱是否扣紧,拉手和背带是否牢固。

2. 仪器的安装

(1)安放仪器的三脚架必须稳固可靠,特别注意应保证伸缩腿稳固。

(2)从仪器箱取出仪器时,应先松开制动螺旋,用双手握住仪器支架或基座,放到三脚架上。一手握住仪器,一手拧连接螺旋,直至拧紧。

(3)仪器取出后,应关好箱盖,不准在箱上坐人。

3. 仪器的使用

(1)仪器安装在三脚架上之后,无论是否观测,观测者必须守护仪器。

(2)应给仪器撑伞遮阳,雨天禁止使用仪器。

(3)仪器镜头上的灰尘、污痕,只能用软毛刷和镜头纸轻轻擦去,不能用手指或其他物品擦拭,以免磨损镜面。

(4)旋转仪器各部分螺旋要有手感。制动螺旋不要拧得太紧,微动螺旋不要旋转至尽头。

(5)在仪器发生故障时,应及时报告指导教师,不得擅自处理。

4. 仪器的搬迁

(1)在行走不便的地方或远距离搬站时,必须将仪器装箱后再搬迁。

(2)短距离搬迁时,仪器和脚架可以一起搬,其方法是:检查并旋紧中心连接螺旋,松开各制动螺旋(经纬仪物镜应对向度盘中心,水准仪物镜应向后);再收拢三脚架,左手抓住仪器,右手抱住脚架,近于垂直地搬移。严禁斜扛仪器,以防碰摔。

(3)搬迁时,小组其他人员应协助观测员带走仪器箱和其他工具。

5. 仪器的装箱

(1)每次使用仪器之后,应及时清除仪器的灰尘及脚架上的泥土。

(2)仪器拆卸时,应先将脚螺旋旋至大致同高的位置,再一手握住仪器,另一手松开连接螺旋,双手取下仪器。

(3)仪器装箱时,应先松开各制动螺旋,使仪器就位正确,试关箱盖确认放妥后,关箱上锁或上扣,切不可强压箱盖,以防压损仪器。

(4)清点所有附件和工具,防止遗失。

三、外业记录与计算规则

测量手簿是外业观测成果的记录和内业数据处理的依据。在测量手簿上记录或计算时,必须严肃认真,一丝不苟,严格遵守下列规则:

(1)在测量手簿上书写之前,应准备好硬性(2H 或 3H)铅笔,熟悉表格各项内容及记录、计算方法。记录观测数据之前，应将表头的仪器型号、日期、天气、观测者及记录者姓名等无一遗漏地填写齐全。

（2）观测者读数后，记录者应回报以检核并现场记录，不得事后转抄。

（3）记录时，要求字体端正清晰、数位齐全、数字齐全，字体大小一般占格宽的1/3~1/2，字脚靠底线，零位不能省略。

（4）对错误的原始记录数据，不得涂改，也不得擦掉，应用横线划去错误数字，把正确的数字写在原数字的上方，并在备注栏注明原因。

（5）记录完一个测站的数据后，记录者应当场进行必要的计算和检核，确认无误后才能搬站。

附录2 测量实验指导

实验一 水准仪的使用

一、实验目的

(1) 了解 DS_3 型水准仪的基本构造，认清各螺旋的名称和作用。
(2) 练习水准仪的正确安置、瞄准和读数。
(3) 掌握用 DS_3 水准仪测定地面上两点间高差的方法。

二、实验任务

每人用变动仪器高法观测与记录两组以上高差。

三、实验所用仪器工具

DS_3 水准仪一台，水准仪脚架一个，水准尺两根，尺垫两个，记录板一个，2H 铅笔（自备）。

四、操作步骤

1. 安置仪器

先将三脚架张开，使其高度适当，架头大致水平，并将架腿踩实，再开箱取出仪器，将其固连在三脚架上。

2. 认识仪器

指出下列各部件的名称和位置，了解其作用并熟悉使用方法。同时弄清水准尺分划注记。①准星和照门；②目镜调焦螺旋；③物镜调焦螺旋；④水准管和圆水准器；⑤制动、微动螺旋；⑥微倾螺旋。

3. 水准仪操作

(1) 粗略整平：调节三个脚螺旋使圆水准器气泡居中。
(2) 目镜对光：转动目镜调焦螺旋，看清十字丝。

(3)粗略瞄准：在地面上选定 A、B 两立尺点，用粗瞄器瞄准其中一点 A 上的水准尺，固定制动螺旋。

(4)物镜对光：调节物镜对光螺旋，看清水准尺。

(5)精确瞄准：转动微动螺旋，使十字丝竖丝平分标尺。

(6)视差消除：若有视差，仔细进行物镜和目镜对光，消除视差。

(7)精确整平：调节微倾螺旋，使水准管气泡两端的半影像吻合成抛物线，即气泡居中。

(8)读数：从望远镜中观察十字丝在水准尺上分划位置，读取四位数，即直接读出米、分米、厘米，并估读毫米数值，此读数为后视读数。

(9)用粗瞄器瞄准另一点 B 上的水准尺，固定制动螺旋。重复步骤(3)~(8)，读取 B 点水准尺读数，此读数为前视读数。计算出 A、B 两点高差。

$$h_{AB} = 后视读数 - 前视读数$$

(10)变动仪器高后重新测定上述两点间高差。

按此方法，每人测两组以上高差。

五、记录格式

附表 1　水准测量手簿(1)

日　期：　　　　　　　天　气：　　　　　　　观测者：
仪　器：　　　　　　　地　点：　　　　　　　记录者：

测　站	点　号	后视读数	前视读数	高　差(m)	备　注

六、限差要求

采用变动仪器高法测得的相同两点间的高差之差不得超过 ±5mm。

七、注意事项

(1)读取中丝读数前，一定要使水准管气泡居中并消除视差。

(2)不能把上、下丝看成中丝进行读数。

(3)观测者读数后，记录者应回报一次，观测者无异议时，记录并计算高差，一旦超限及时重测。

(4)每人必须轮流担任观测、记录、立尺等工作，不得缺项。

(5)各螺旋转动时，用力应轻而均匀，不得强行转动，以免损坏。

八、上交资料

每人交实验报告一份(含实验原始记录及计算)。

九、思考题

(1)水准观测中读数应注意哪些问题？
(2)简述水准观测的步骤？

实验二 普通水准测量

一、实验目的

(1)掌握使用 DS_3 水准仪进行普通水准测量的观测、记录与计算方法。
(2)掌握普通水准测量校核方法和成果处理方法。

二、实验任务

在指定场地选定一条闭合或附合水准路线，其长度以安置 4~6 个测站为宜，采用双面尺(黑面、红面)一次仪器高法或两次仪器高法施测该水准路线。

三、实验所用仪器工具

DS_3 水准仪一台，水准仪脚架一个，水准尺两根，尺垫两个，木桩(水泥钉)四根，铁锤一个，2H 铅笔(自备)。

四、实验操作步骤

(1)选定一条闭合或附合水准路线，将各待求高程点用木桩标定。
(2)安置仪器于距起点一定距离的测站Ⅰ，粗平仪器，一人将尺立于起点即后视点，另一人在路线前进方向的适当位置选定一点即前视点 1，设立木桩(水泥钉)或稳定标志，将尺立于其上。
(3)瞄准后视尺，精平、读数，记入表格，转动仪器瞄准前视尺，精平、读数，记入表格，计算高差。
(4)将仪器搬Ⅱ站，第一站的前视尺变为第二站后视尺，起点的后视尺移至前进方向的点 2，为第二站的前视尺，重复第(3)步操作。
(5)同法继续测量，经过各待求点，最后闭合回到起点，构成一闭合圈，或附合到另一已知高程点，构成一附合水准路线。
(6)计算高程闭合差。

五、实验限差要求

普通水准测量一般要求达到以下要求：①视距长≤±100m；②前后视差≤±10m；③前

后视距累计差≤±50m；④黑、红面读数差≤±4mm；⑤黑、红面高差之差≤±6mm；⑥检核计算：后视读数总和−前视读数总和=高差代数和；⑦高差闭合差：平地±40$\sqrt{L}$mm，山地±12$\sqrt{n}$mm，L 为水准路线长度，n 为测站数。

六、记录格式

附表 2　水准测量手簿（2）

日　期：　　　　　　　　仪　器：　　　　　　　　观测者：
天　气：　　　　　　　　地　点：　　　　　　　　记　录：

测站	点号	视距(m)	后视读数(mm)	前视读数(mm)	高差(mm)	平均高差(mm)	备注

七、实验注意事项

(1) 起始点和待定高程点上不能放尺垫，转点上要求放尺垫。
(2) 读完后视读数后仪器不能搬动，读完前视读数后尺垫不能动。
(3) 读数时，注意消除视差，水准尺不得倾斜。
(4) 做到边测边记边计算边检核。

八、实验上交资料

每人交实验报告一份(含实验原始记录及计算)。

九、思考题

(1) 水准测量中水准起始点是否放置尺垫？为什么？
(2) 水准测量中读完后视读数后仪器能搬动吗？为什么？

实验三　经纬仪的使用

一、实验目的

(1) 了解光学经纬仪的基本构造，各部件的名称和作用。
(2) 掌握经纬仪对中、整平、瞄准和读数的基本方法。

二、实验任务

每人至少安置一次经纬仪，用盘左、盘右分别瞄准两个目标，读取水平盘读数。

三、实验所用仪器工具

DJ_6经纬仪一台，经纬仪脚架一个，记录板一个，2H铅笔（自备）。

四、实验操作步骤

(1) 各组在指定场地选定测站点并设置点位标记。
(2) 仪器开箱后，仔细观察并记清仪器在箱中的位置，取出仪器并连接在三脚架上，旋紧中心连接螺旋，及时关好仪器箱。
(3) 认识经纬仪各部分的名称和作用。
(4) 经纬仪的对中、整平。

①对中：眼睛从光学对点器中看，看到地面和小圆圈；固定一条架腿，双手握另两条架腿，前后、左右移动这两条架腿，使点位落在小圆圈附近。踩紧三条架腿，并调脚螺旋，使点位完全落在圆圈中央。

②粗略整平：转动照准部，使水准管平行于任意两条架腿的脚尖连接方向，升降其中一条架腿，使水准管气泡大致居中，然后将照准部旋转90°，升降第三条架腿，使气泡大致居中。

③精确整平：转动照准部，使水准管平行于任意两个脚螺旋的连线方向，对向旋转这两个脚螺旋（左手大拇指旋进的方向为气泡移动的方向），使水准管气泡严格居中；再将照准部旋转90°，调节第三个脚螺旋，使气泡在此方向严格居中，如果达不到要求需重复②、③步，直到照准部转到任何方向，气泡偏离不超过一格为止。

④上述①～③三个步骤应多次进行，最后对中、整平同时满足。否则，需重复以上操作。

(5) 瞄准：利用望远镜的粗瞄器，使目标位于视场内，固定望远镜和照准部制动螺旋，调目镜调焦螺旋，使十字丝清晰；转动物镜调焦螺旋，使目标清晰；转动望远镜和照准部微动螺旋，精确瞄准目标，并注意消除视差。读取水平盘读数时，使十字丝竖丝单丝平分目标或双丝夹准目标；读取竖盘读数时，使十字丝中横丝切准目标。

(6) 读数：调节反光镜的位置，使读数窗亮度适当；调节读数窗的目镜调焦螺旋，使读数清晰，最后读数，并记入手簿。

五、记录格式

附表3　水平读盘读数记录

日期：　　　　　仪器：　　　　　班级：　　　　　观测者：　　　　　记录者：

测站	竖盘位置	目标	度盘读数 (° ′ ″)	半测回角值 (° ′ ″)	一测回角值 (° ′ ″)	备注

六、实验注意事项

(1) 使用螺旋时，用力应轻而均匀。
(2) 经纬仪从箱中取出后，应立即用中心连接螺旋连接在脚架上，并做到连接牢固。
(3) 各项练习均要认真仔细完成，并能熟练操作。

七、实验上交资料

每人交实验报告一份(含实验原始记录及计算)。

八、思考题

(1) 如何对经纬仪进行对中？
(2) 如何对经纬仪进行整平？

实验四　角度测量

一、实验目的

(1) 掌握测回法测量水平角的方法、记录及计算；
(2) 掌握竖直角观测的方法、记录及计算；
(3) 了解竖盘指标差的计算方法。

二、实验任务

每人完成二测回测回法观测水平角和同一方向一测回竖直角的观测。

三、实验所用仪器和工具

DJ_6 经纬仪一台，经纬仪脚架一个，记录板一个，2H 铅笔(自备)。

附录2 测量实验指导

四、实验方法和步骤

1. 测回法观测水平角(二测回)

(1)准备工作：①按要求在地面点安置经纬仪和竖立目标(目标设置在距离地面点标志 30~40m 的两个方向上，即安置标杆)；②选定起始方向；③根据观测方向的相应距离做好望远镜的对光。对光时，选择平均距离上的假定目标作为对光的对象。如果距离大于 500m，可认为同等距离长度对待；④根据需要进行水平度盘配置。初始观测瞄准起始方向时，度盘读数应稍大于 0°。

(2)观测方法：①盘左观测：按顺时针方向转动照准部瞄准目标；在分别瞄准目标后立即读数，记录。②盘右观测：沿横轴纵转望远镜 180°，转动照准部使仪器处于盘右位置；按逆时针转动照准部的方向瞄准目标；在分别瞄准目标后立即读数，记录。③观测第二测回时，应将起始方向的度盘读数安置于 90°附近。

2. 竖直角观测方法

(1)准备工作：①在测站点上安置经纬仪；②目标设置。距离地面点标志 30~40m 的两个方向设置目标。

(2)观测方法：①先观察一下竖盘注记形式并写出竖直角计算公式：盘左将望远镜大致放平，观察竖盘读数，然后将望远镜慢慢上仰，观察读数变化情况，若读数减小，则竖直角等于视线水平时的读数减去瞄准目标时的读数，反之，则相反；②盘左，瞄准目标，用十字丝中横丝切于目标顶端，或目标像的顶面平分十字丝的双横丝；转动竖盘指标水准管微动螺旋，使竖直度盘指标水准管气泡居中，读取竖盘读数 L，记录并算出竖直角；③盘右，同上述盘左观测，读取盘右读数 R，记录并算出竖直角；④计算竖盘指标差；⑤计算竖直角平均值；⑥同法测定另一目标的竖直角并计算出竖盘指标差。检查指标差的互差是否超限。

五、实验限差要求

(1)水平角观测上、下半测回角值之差不得超过±40″，各测回角值互差不得大于±24″。

(2)竖直角观测 x 及 Δx 的限差：一般说来，经纬仪的指标差 x 不要太大，$x \leqslant 1'$。Δx 称为指标差之差，$\Delta x \leqslant 25''$。

(3)竖直角互差 $\Delta\alpha$ 的限差：同 Δx 的限差。

六、实验注意事项

(1)观测过程中，对同一目标应使十字丝中横丝切准目标顶端(或同一部位)；

(2)每次读数前应使竖盘指标水准管气泡居中；

(3)计算竖直角和指标差时，应注意正、负号。

七、记录格式

附表 4　测回法观测水平角的记录（二测回）

日期：　　　　仪器：　　　　班级：　　　　观测者：　　　　记录者：

测站	盘位	目标	水平度盘水平方向值读数（° ′ ″）	水平角			备注
				半测回角值（° ′ ″）	一测回角值（° ′ ″）	各测回平均值（° ′ ″）	
	盘左						
	盘右						
	盘左						
	盘右						

附表 5　竖直角测量的记录与计算

日期：　　　　仪器：　　　　班级：　　　　观测者：　　　　记录者：

测站	目标	竖盘位置	竖盘读数（° ′ ″）	半测回竖直角（° ′ ″）	指标差	一测回竖直角（° ′ ″）	备注
		左					
		右					
		左					
		右					

八、实验上交资料

每人交实验报告一份（含实验原始记录及计算）。

九、思考题

(1) 测回法（二测回）观测水平角的步骤？
(2) 竖直角观测应注意哪些问题？

实验五　距离测量

一、实验目的

(1) 掌握钢尺量距的一般方法。
(2) 了解光电测距仪的使用方法。

二、实验任务

每组完成距离大约 100m 的钢尺量距,并用红外测距仪检测该段距离。

三、实验所用仪器和工具

50m 钢尺一把,标杆三根,木桩(水泥钉)三个,DJ_6 光学经纬仪一台;D30E 红外测距仪一台,DJ_2 级光学经纬仪一台,反射棱镜一个。

四、钢尺量距方法和步骤

1. 定点

用木桩定出需要量距的两端点的位置(两点桩面各钉一小钉,表示精确位置)。为了使观测者能从远处看到点位标志,可竖立测钎等。

2. 定线

有目测定线法和经纬仪定线法。

(1)目测定线法:A、B 为地面上互相通视的两点。为了在直线 AB 上定出中间点,可先在 A、B 两点上竖立花杆,然后观测者站在 A 点花杆后 1~2m 处,用眼睛自 A 点花杆后面瞄准 B 点花杆,使 A、B 两点花杆与观测者成一条直线。另一人持花杆由 B 点走向 A 点,到距离 B 点大约一尺段的地方,按照观测者的指挥,左右移动花杆,直到花杆在直线 AB 上为止,插上花杆或测钎,得点 1。然后再带一花杆前进,用同样的方法在直线 AB 上设置第二根花杆或测钎,得 2 点,依此类推。这种从直线远端 B 走向 A 的定线方法,称为走近定线法。反之,由近端 A 走向远端 B 的定线方法,称为走远定线法。

(2)经纬仪定线法:当丈量距离的精度要求较高或与测角量边同时进行时,可直接用经纬仪定线。把经纬仪安置在 A 点后,瞄准 B 点,然后固定仪器照准部,在望远镜的视线方向上,用花杆或测钎定出 1、2、3 等点。

3. 量距

丈量工作一般由两人进行,后司尺员持尺的零端位于 A 点,前司尺员持尺的末端并携带一组测钎,沿 AB 方向前进,行至一尺段处停下,后司尺员以尺的零点对准 A 点。当两人同时把钢尺拉紧、拉平、拉稳后,前司尺员在尺的末端刻线处竖直地插下一测钎得到点 1,这样便量完成一个尺段,如此继续丈量下去,直至 n 点到 B 点最后不足一整尺段的长度,这一长度称之为余长 c,丈量余长时,前司尺员将尺上某一整数分划对准 n 点,由后司尺员对准 B 点,读出读数,即可求得不足一尺段的余长,则 A、B 两点之间的水平距离为:

$$D_{往} = nl + q$$

式中:n——整尺段数;

l——钢尺长度;

q——余长。

为防止读数错误、提高量距精度,量距要往返丈量。

同法由 B 向 A 进行返测,但必须重新进行直线定线,计算往、返丈量结果的平均值及相对误差,检查是否超限。

4. 成果计算

把往返丈量所得距离的差数除以往返测距离的平均值即得丈量的相对误差。

五、记录格式

附表6 钢尺量距记录、计算表

日期:　　　　仪器:　　　　班级:　　　　观测者:　　　　记录者:

测段	点号	直线丈量	整尺段数	余长	直线长度	平均长度	距离往返差	相对误差
		往测						
		返测						
		往测						
		返测						
		往测						
		返测						

六、测距仪测距

1. 了解 D3030E 红外测距仪的主要部件

(1)前面板:发射、接收物镜、数据接口。
(2)后面板(操作面板):显示窗、操作键、反射器、照准望远镜、照准轴水平调整手轮、俯仰角锁定手轮等部件。

V. H	天顶距、水平角输入
T. P. C	温度、气压、棱镜常数的置入、手动减光
SIG	显示电池电压、光强值
AVE	单次测量、平均测距、手动增加光强
MSR	连续测距
X. Y. Z	输入测站坐标及高程
X. Y. Z	显示未知坐标及高程(以测站为参考点)
S. H. V	斜距、平距、高差转换
SO	定线放样预置
TRK	跟踪测距
ENT	输入、清除、复位
PWR	开机、关机

2. D3030E 红外测距仪的使用

(1) 经纬仪安置在测站上,将连接件装在经纬仪上,完成对中、整平工作。

(2) 反射器安置在测点上,完成对中、整平工作。

(3) 测距仪的安置:①安装电池。将充满电的电池插入测距仪下方槽位,扣紧;②测距仪与经纬仪连接。把测距仪安放在经纬仪的连接件上(不松手),松开锁紧螺丝,调整 U 型架与连接件相接的两点间距离,使适合连接件,接入锁紧,检查固定后才松手。

(4) 瞄准反射器:①经纬仪瞄准反射器的觇牌中心;②测距仪瞄准反射器的棱镜中心。瞄准时,利用座架的俯仰制动手轮和照准轴水平调整手轮,使测距仪目镜内十字丝中心与棱镜中心重合。

(5) 开机检查:按 PWR 键,校对机内各常数并自检。在仪器工作正常的情况下,屏幕显示"Good"。如瞄准棱镜,返回光强正常,则出现"*"。

(6) 测距(有四种测距模式):①平均测距。按 AVE 键,启动平均测距功能,再按 ENT 键,输入平均测量的次数,最后按 MSR 键测距并显示测距的平均值;②单次测距。按平均测距方法,将平均测量的次数置为 1,即可得到单次测距方式;③连续测距。按 MSR 键,启动连续测距功能。以正常测距的规定动作,每 3s 自动测量一次,并显示单次测距的倾斜距离;④跟踪测距。按 TRK 键,启动跟踪测距功能,约 0.8s 的间隔连续测距和显示每次测量的倾斜距离。

(7) 水平距离的显示:依次按 V.H 键、ENT 键,输入天顶距(从经纬仪竖盘读取),按 MSR 键,显示倾斜距离,按 S.H.V 键,显示水平距离(如果再按 S.H.V 键,则显示高差)。

七、实验限差要求

往、返丈量距离,相对误差不大于 1/2000。

八、注意事项

(1) 钢尺拉出或卷入时不应过快,不得握住尺盒来拉紧钢尺。

(2) 测量工作中,量完一段距离进行下一段量距时,前、后司尺人员应该托起钢尺(钢尺离开地面)前进,不允许拖着钢尺前行,以免磨损钢尺刻画。

(3) 量距结束后,应用软布察去钢尺上面的灰尘和脏物,然后卷进尺盒。

九、实验上交资料

每人交实验报告一份(含实验原始记录及计算)。

十、思考题

(1) 钢尺量距时如何利用经纬仪进行定向?

(2) 如何计算丈量距离的相对闭合差?

实验六　全站仪的使用

一、实验目的

了解全站仪的构造与使用方法，各部件的名称和作用、以及全站仪内设的各种测量程序的应用及测距参数的设置。

二、实验任务

每人至少安置一次全站仪，分别瞄准两个目标，读取水平盘读数及距离测量。

三、实验所用仪器工具

全站仪一台，全站仪脚架一个，棱镜一个，对中杆一个。

四、实验操作步骤

(1) 仪器开箱后，仔细观察并记清仪器在箱中的位置，取出仪器并连接在三脚架上，旋紧中心连接螺旋，及时关好仪器箱。
(2) 熟悉全站仪各部件的名称和作用。
(3) 全站仪的安置：包括对中、整平、调焦与照准等。
(4) 参照说明书了解全站仪的键位基本操作和键盘显示功能。
(5) 掌握模式转换、参数设置。
(6) 了解全站仪距离测量、角度测量和坐标测量的步骤。

五、实验注意事项

(1) 使用各螺旋时，用力应轻而均匀。
(2) 全站仪从箱中取出后，应立即用中心连接螺旋连接在脚架上，并做到连接牢固。
(3) 各项练习均要认真仔细完成，并能熟练操作。

六、实验上交资料

每人交实验报告一份(含实验原始记录及计算)。

七、思考题

(1) 如何安置全站仪？
(2) 使用全站仪应注意些什么？

附录3 测量教学实习指导

一、实习目的

"测量学"是一门技术性很强的课程,既有丰富的理论,又有大量的实际操作技术。测量教学实习是"测量学"教学中的重要组成部分,是强化理论联系实际和加强学生测绘基本技能培训所必不可少的教学环节,对提高"测量学"教学质量有重要作用。加强学生动手能力的锻炼,使学生在测、记、算、绘等方面得到全面的训练,培养学生灵活运用所学知识独立解决测量实际问题的能力和吃苦耐劳、团结协作的精神。

二、实习任务与要求

(1)掌握图根导线的布设、施测和计算方法。
(2)了解大比例尺地形图测绘的基本方法和步骤。
(3)掌握经纬仪配合量角器测绘地形图的方法。
(4)实地熟悉地形,合理选定地物地貌特征点,立尺、观测、绘图、计算密切配合。
(5)每组测绘 1∶500 的地形图一张。

三、实习仪器工具

水准仪,水准尺,尺垫,DJ_6 经纬仪,地形尺,量角器,计算器,图板,图纸,小钢卷尺,皮尺,1∶500 的比例尺,铅笔,针,斧头等。

四、实习内容

1. 图根平面控制测量

在指导教师指定范围内,选择导线点,组成闭合或附和导线。选点时注意经纬仪导线点的选点要求,在选好的导线点上作好标记,使其在一定时期内不至于被破坏。

(1)水平角测量:用测回法观测导线的左(右)角,每个角测两测回,并将观测数据记入手簿,边较短时,为了提高照准精度,可在桩顶上悬挂垂球。尽量与测区附近的已知高级控制点进行连测。

(2)边长测量:①用钢尺量距。往、返丈量边长,并记入手簿,若相对误差在容许范围内,取其平均值;②视距法量距。观测经纬仪的上、下丝间隔和竖直角,计算出导线点间的水平距离;③测距仪测距:往、返测量边长,并记入手簿,若相对误差在容许范围内，取其平均值。

2. 图根高程控制测量

高程控制点可布设在平面控制的导线点上，布设成闭合或附合水准路线，用等外水准测量方法，可采用双面尺法或两次仪器高法进行观测。

3. 碎部测量

(1)在已绘制好坐标格网(图幅大小为 50cm×50cm)的图纸上，展绘平面控制中的各导线点，然后用 1∶500 比例尺测绘一定区域的地形图。

(2)在指定测区内的选择一通视良好的控制点 A 作为测站，在测站点 A 上安置经纬仪，量取仪器高(桩顶至仪器横轴中心的高度，量至厘米)。

(3)选择较远一地面控制点 B 作为起始方向(零方向)，在 B 点竖立照准标志，经纬仪盘左位置照准 B 点并将水平度盘配置为 0°00′00″，首先检核控制点是否正确。

(4)绘图员在已展好控制点的图纸上，在相应的测点上钉好量角器，根据起始控制点的方向画好零方向指示线(注意只需画出在量角器刻画范围内的一线段，用完后修图时擦掉)。

(5)立尺员按照地形地貌合理选定特征点进行竖立标尺，观测员瞄准标尺测出碎部点的水平角读数、视距 L、中丝读数 V 和竖角读数 α (注意调平水准管气泡，若为竖盘自动归零装置，打开相应旋钮即可读取竖盘读数)，记录员记入表中。

(6)计算员根据观测员的观测数据进行数据处理，计算出各碎部点的水平距离 D、高差 h 和高程 H。

$$D=KL\cos^2\alpha \quad h=D\tan\alpha \quad HB=HA+D\tan\alpha+I-V$$

(7)根据所测得的碎部点，用量角器按极坐标法将碎部点展绘到图纸上。

(8)重复(4)~(7)步骤，测定并计算其余各碎部点，逐点展绘到图纸上，并根据《地形图图示》绘出相应的地物和地貌符号，绘制成地形图，并进行图面整饰。

五、实习限差要求

(1)角度闭合差不得超过±60″；

(2)钢尺量距时，边长的相对误差不得超过 1/2000，视距法量距时，边长的相对误差为 1/300~1/200，同一边往返距离相对误差、高差之差应小于±5cm，其他参照视距导线的有关精度要求；

(3)1∶500 的碎部测量对中要求<±2.5cm；

(4)地形点间距 15m；最大视距：对于地物为 60m，地貌为 100m；

(5)经纬仪竖盘指标差不得超过±1′，否则应校正仪器；

(6)应及时对经纬仪进行归零检查，归零差应不大于 4′；

(7)水平距离、高差算至厘米，三角函数的运算应将角度化为十进制。

六、实习注意事项

(1)在测站点上要注意检核控制点。

(2)标尺要立直,尤其防止前后倾斜。

(3)立尺员跑尺要有次序,以方便绘图,对个别不易到达碎站点,可用方向交会或其他几何处理方法处理。

(4)读坚盘时,要注意指标水准管气泡居中或自动开关打开。

(5)绘图员要根据所展绘的碎部点对照实地进行检查,以防出错或遗漏,绘图要以《图式》为依据。

(6)有关的精度要达到《规范》的要求。

(7)观测与计算的取位如下:

角度 1.0′
视距 0.1m
高差 0.01 m
高程 0.1m
仪器高 0.01m
目标高 0.01m

七、记录格式

附表7　碎部测量记录表

日期:　　　　　　测站:　　　　　　仪器高:　　　　　　观测者:
测站高程:　　　　标定图板方向:　　　记录者:

点号	水平角 (° ′ ″)	视距 (m)	水平距离 (m)	竖盘读数 (° ′ ″)	竖角 (° ′ ″)	目标高 (m)	高差 (m)	高程 (m)

八、实习上交资料

实习报告一份,每组交地形图一张。